中等职业教育国家规划教材
全国中等职业教育教材审定委员会审定

牛羊病防治

Niuyangbing Fangzhi

（第三版）

（畜牧兽医／养殖类专业）

主　编　孙颖士

高等教育出版社·北京

内容提要

本书是中等职业教育国家规划教材,根据教育部颁布的中等职业学校专业教学标准中牛羊病防治课程教学基本要求,并参照相关行业的职业技能鉴定规范编写。在第二版的基础上,根据近几年"面向市场、服务发展、促进就业"的职业教育理念修订而成。

本书主要讲解了牛羊常见的传染病、寄生虫病、营养代谢病、中毒性疾病、内科病,以及外科病与产科病,重点介绍了疾病的临床症状、诊断和防治措施。修订中注重知识更新,加强对学生职业能力的培养,力争使学生能够独立地处理生产实践中常见的牛羊疾病,制订合理的综合防治方案。本书同时配套学习卡资源,通过"郑重声明"页的使用说明,登录 http://abook.hep.com.cn/sve,可获取相关教学资源。

本书适用于中等职业学校畜牧兽医和养殖类专业,也可作为乡镇干部、职业农民实用技术培训教材和农村成人文化学校教材,以及农村青年的自学用书。

图书在版编目(CIP)数据

牛羊病防治 / 孙颖士主编. --3 版. --北京 : 高等教育出版社,2021.2

中等职业教育国家规划教材. 畜牧兽医/养殖类专业

ISBN 978-7-04-055192-1

Ⅰ.①牛… Ⅱ.①孙… Ⅲ.①牛病-防治-中等专业学校-教材②羊病-防治-中等专业学校-教材 Ⅳ.①S858.2

中国版本图书馆 CIP 数据核字(2020)第 201543 号

| 策划编辑 | 方朋飞 | 责任编辑 | 方朋飞 | 封面设计 | 于文燕 | 版式设计 | 童 丹 |
| 插图绘制 | 杨伟露 | 责任校对 | 张 薇 | 责任印制 | 田 甜 | | |

出版发行	高等教育出版社		网 址	http://www.hep.edu.cn
社 址	北京市西城区德外大街 4 号			http://www.hep.com.cn
邮政编码	100120		网上订购	http://www.hepmall.com.cn
印 刷	北京市科星印刷有限责任公司			http://www.hepmall.com
开 本	787mm×1092mm 1/16			http://www.hepmall.cn
印 张	12.25		版 次	2002 年 4 月第 1 版
				2021 年 2 月第 3 版
字 数	300 千字		印 次	2021 年 2 月第 1 次印刷
购书热线	010-58581118		定 价	29.00 元
咨询电话	400-810-0598			

第三版前言

　　《牛羊病防治》一书自出版以来,深受广大读者欢迎。随着供给侧结构性改革的不断深化,农业产业结构也在加快调整。为适应新形势的需要,遵照2015年修订的《中华人民共和国动物防疫法》,以及"面向市场,服务发展,促进就业""做中学,做中教"等职业教育办学要求,我们对《牛羊病防治》进行了再次修订。

　　本次修订,以中等职业学校畜牧兽医、养殖类专业的岗位实际需要为出发点,紧紧围绕培养目标,加强对学生综合职业能力的培养。打破了原来的体例,构建了"项目导向、任务驱动"的教材内容。全书主要内容包括牛羊常见的传染病、寄生虫病、营养代谢病、中毒性疾病、内科病、外科病和产科病。各任务后附有随堂练习、案例分析。各项目后附有项目测试。全书条理清晰,文字简练,具有好教、易学、实用等特点。

　　本书配有学习卡资源,按照本书最后一页"郑重声明"下方的使用说明进行操作,登录http://abook.hep.com.cn/sve,可获取本书的演示文稿、电子教案、习题答案等相关教学资源。

　　"牛羊病防治"课程总学时为94,各项目学时分配见下表(仅供参考):

项目	内容	讲授学时	实训学时	合计
项目1	牛羊常见传染病	16	8	24
项目2	牛羊常见寄生虫病	12	16	28
项目3	牛羊常见营养代谢病	4	0	4
项目4	牛羊常见中毒性疾病	4	2	6
项目5	牛羊常见内科病	10	4	14
项目6	牛羊常见外科病与产科病	4	4	8
机动		—		10
合计		50	34	94

　　本书由河南省尉氏县职业技术教育中心孙颖士主编,参加修订工作的还有尉氏县职业技术教育中心冯建林、张金霞、孙金强、王少领,以及河南牧业经济学院王鑫磊、陈益。山东畜牧兽医职业学院朱俊平教授审阅了"牛羊常见传染病"内容,在此特致谢意!

　　由于编者水平有限,不足之处在所难免,恳请广大职教同仁和社会读者批评指正。

编　者

2020年5月

第二版前言

《牛羊病防治》自出版以来,深受广大师生欢迎,已重印9次。随着改革开放的深入发展,农业产业结构正在加速调整。为适应新形势的需要,遵照教育部颁布的中等职业教育畜牧兽医专业牛羊病防治教学基本要求,我们对2002年出版的《牛羊病防治》一书进行了修订。

《牛羊病防治》的修订,是以中等职业学校畜牧兽医、养殖类专业的岗位实际需要为出发点,紧紧围绕培养目标,加强对学生综合职业能力的培养。全书内容包括牛羊常见的传染病、寄生虫病、营养代谢病、中毒性疾病、内科病、外科病和产科病等。节后附有随堂练习、案例分析,章后附有综合测试、实验实训,条理清晰,文字简练,具有好教、易学、实用的特点。书中带 * 部分为选学内容。

本书采用学习卡/防伪标系统,按照本书最后一页"郑重声明"下方的使用说明进行操作,登录 http://sve.hep.com.cn,进入"农业与林业类"的"畜禽解剖生理"网络课程,可获取本书的电子教案、习题答案等相关教学资源;通过防伪码,还可查询本书真伪。

本书由河南省尉氏县职业中专孙颖士任主编,参加本书修订工作的有尉氏县职业中专孙颖士、冯建林、张金霞、孙红伟,上海市南汇区新场农业综合技术推广服务站王鑫磊。

由于编者水平有限,错误和不足之处在所难免,恳请广大职教同仁和读者批评指正。

编　者

2010 年 1 月

第一版前言

随着 21 世纪的到来和改革开放的深入进行,农业产业结构正在加速调整。为适应新形势的需要,中等农业职业教育的任务着力于培养具有高素质的第一线劳动者,因此,编写新的、适应形势发展需要的中等农业职业学校教材势在必行。本书是依照教育部 2001 年颁布的中等职业教育畜牧兽医专业牛羊病防治教学基本要求编写的。

本书以畜牧兽医专业的岗位实际需要为出发点,紧紧围绕培养目标,着重对学生的综合职业能力的培养。全书内容包括牛羊常见的传染病、寄生虫病、营养代谢病、中毒性疾病、内科病、外科病和产科病等。每一章节后面都附有案例分析和实验实训,具有较强的实用性和可操作性。书中带 * 部分为选学内容。

为适应形势的发展,本书在第 4 次重印时,分别在第 1 章增加了选学内容:第十五节疯牛病,第 5 章增加了选学内容:第十七节肾炎;第 2 章中的牛梨形虫病由于是血液原虫病,故将该节调整到本章最后。

本书由河南省尉氏县职业中专孙颖士任主编,郑州牧业工程高等专科学校钟鸣久副教授任副主编。参加编写的人员有湖南省长沙农业学校张明军,河南省尉氏县职业中专冯建林,山东省青岛市即墨职业教研室韩乃龙。在本书送交全国中等职业教育教材审定委员会审定之前,特邀请了郑州牧业工程高等专科学校杨平川教授、石大荣副教授审阅了全稿。在本书的编写过程中,河南省职业教育教学研究室郭国侠副主任、陈延军同志和河南省尉氏县职业中专李长庚校长给予了大力的支持和帮助,在此表示诚挚的感谢。

本教材已通过教育部全国中等职业教育教材审定委员会的审定,其责任主审为汤生玲,审稿人为马吉飞、裴桂有,在此,谨向专家们表示衷心的感谢!

由于编写时间仓促,编者水平有限,错误和不足之处在所难免,恳请广大职教同仁和读者提出宝贵意见。

编　者
2001 年 4 月

目 录

项目 4　牛羊常见中毒性疾病

项目 5　牛羊常见内科病

项目 6　牛羊常见外科病与产科病

开 篇 的 话

改革开放四十多年来，我国的养殖业有了长足的发展，总体规模世界第一，初步形成了集约化、规模化和现代化的生产形式。伴随着养殖业的发展，我国畜牧兽医专业发展很快，为畜牧业生产培养了一大批专业技术人才，取得了显著成绩。但是，用现实和发展的眼光来看，我国的畜牧兽医职业教育与市场经济的需求还有很大差距。这些问题必须通过改革教学内容和教学手段来解决。

21世纪，我国养殖业将会朝着更加集约化、规模化和现代化的方向发展，这就需要更多的、能够运用先进技术对畜禽个体和群体进行医疗保健的基层畜牧兽医技术人员，而畜牧兽医职业教育正是培养基层畜牧兽医技术人员的摇篮。

为了适应新形势的需要，本教材以发展的眼光，充分认识到畜牧业发展的前景和职业教育的任务，对现行教材进行了大胆的改革，力争融入新知识、新技术和最新的科研成果，侧重对学生综合职业能力的培养，使学生毕业后能够适应职业岗位对专业知识和专业技能的需要。

"牛羊病防治"是畜牧兽医专业的专业核心课程，其基本内容是应用新知识、新技术和新方法，研究牛羊疾病发生和发展规律，以及对牛羊疾病进行正确诊断和合理防治。它的主要任务是使学生掌握牛羊疾病个体防治和群体防治的基本知识和技能，从而有效地控制牛羊疾病的发生和对养殖业生产造成的经济损失，保证养殖业的健康发展。

牛羊发生疾病，不但能影响其生长发育，降低其产品的数量和质量，而且会造成养殖经营者的重大经济损失。某些疾病还会污染环境，损害人的健康。流行欧洲的疯牛病，给全世界养牛业带来了巨大的损失，也对人类健康产生了严重的威胁，我们必须高度重视。因此，作为养殖业的从业人员，不但要有丰富的饲养管理技术，还必须有一定的疾病防治知识和技术，要充分认识到不合理的饲养管理引发疾病的严重性和加强饲养管理对预防疾病的重要意义，才能在养殖生产中积极预防疾病的发生和有效控制疾病对养殖生产造成的损失。

本课程的学习，要结合临床病例，理论联系实际，用辩证唯物主义的观点和方法去认识不同疾病。要正确认识外界环境因素、饲养管理因素、病因、药物与机体的关系，以及局部与整体、形态结构与机能的关系。同时，要以"畜禽解剖生理""动物微生物及检验""动物防疫与检疫技术""畜禽营养与饲料"等课程为基础，还要与畜禽生产和畜禽产品加工的有关知识和技术相联系。要加强实践技能训练，努力培养分析问题和解决实际问题的能力，以便更好地为养殖业生产服务。

项目 1

牛羊常见传染病

项目导入

张辉同学已学完全部专业基础课程，进入专业技能课程的学习。为了增强解决实际问题的能力，张辉同学与本班王亮、李明、赵军、陈霞、朱超五位同学建立了一个实习小组，在课堂学习的同时，到学校兽医门诊部跟随孙老师进行生产实习。

传染病是一类群发性疾病，牛羊养殖场一旦发生传染病，常常会引起大批牛羊发病甚至死亡，给牛羊养殖场造成巨大损失。张辉实习小组在孙老师指导下，将要学习牛羊传染病的临床检查，收集临床症状，通过与所学相关知识对照，学会正确诊断牛羊传染病，制订有效的防治措施，并参与病畜治疗。

本项目将要学习 8 个任务：(1) 牛羊传染病防治基础；(2) 口蹄疫；(3) 牛流行热；(4) 牛病毒性腹泻；(5) 布鲁菌病；(6) 结核病；(7) 牛放线菌病；(8) 羊产气荚膜梭菌病。

任务 1.1　牛羊传染病防治基础

任务目标

知识目标：掌握牛羊传染病的诊断方法和程序，牛羊传染病免疫接种技术，牛羊养殖场传染病防治方案的制订知识。

技能目标：学会牛羊养殖场传染病防治方案的制订及预防措施的实施。

知识学习

一、牛羊传染病的诊断方法和程序

1. 询问病史

向畜主询问饲养管理情况，包括饲养方式、管理措施，饲草、饲料、饮水的来源，饲喂方法，以

及最近是否改变饲养管理方式,是否更换饲草、饲料和饮水,畜舍的结构和卫生状况;询问发病时间,发病后都有哪些表现,是否经过治疗,用的什么药物,治疗效果怎样;病畜过去是否发生过同样疾病;是否进行过免疫接种,用的什么疫(菌)苗,接种的时间和方法。

2. 疫情调查

调查与病畜同槽或邻居、本村、邻村的同种家畜是否发生了同样疾病;病畜是什么时间、从什么地方买的,卖主所在地有没有疫情;以往什么时间畜主所在地发生过同样疾病。

3. 临床检查

检查病畜的容貌姿态、营养状况和外观表现;检查生理指标,包括体温、呼吸数和心率检查。

4. 实验室检查

血常规检查,包括血沉、血红蛋白检查,红、白细胞计数和白细胞分类计数;尿常规检查和粪常规检查;细菌学检查,包括细菌分离培养、涂片、染色和镜检,确定病原。

5. 血清学检查

凝集反应,包括平板凝集反应、间接凝集反应、血细胞凝集抑制反应;沉淀反应,包括试管环状沉淀反应、絮状沉淀反应和琼脂扩散反应;补体结合反应和毒素中和反应。

6. 诊断的建立

通过各种检查,将所获得的资料进行综合分析,做出正确诊断。

二、牛羊传染病免疫接种技术

1. 操作步骤

(1)接种器械清洗消毒。

(2)疫(菌)苗检查　免疫接种前,对所使用的疫(菌)苗仔细检查,有下列情况之一者不得使用:① 没有瓶签或瓶签模糊不清;② 过期失效;③ 疫(菌)苗的质量与说明书不符;④ 瓶塞松动或瓶壁破裂;⑤ 没有按规定方法保存。

(3)待免动物检查　接种前对待免牛羊进行了解及临诊检查,必要时进行体温检查。凡体质过于瘦弱、怀孕、体温升高或疑似患病的牛羊均不应接种疫(菌)苗。

(4)疫(菌)苗稀释　严格按厂家的使用说明书进行疫苗稀释。用75%酒精棉球擦拭消毒疫(菌)苗和稀释液的瓶盖,然后用灭菌注射器吸取少量稀释液注入疫苗瓶,充分振荡溶解后,再加入全量的稀释液。

(5)确实保定好被接种的牛羊,注射部位(牛在颈部中侧上 1/3 处或臀部,羊在颈部中侧上 1/3 处或股部)剪毛消毒。

(6)用注射器吸取疫(菌)苗,在瓶中排净注射器中的空气,按规定剂量固定好刻度。

(7)术者右手持注射器,左手捏住注射部位的皮肤轻轻提起,将针头刺入皮下,注入疫(菌)苗,放开左手。注射完毕,拔出针头,用灭菌干头按压接种部位。

(8)疫(菌)苗注完后填写免疫接种记录,并做好免疫标记。免疫标记一般是指耳号(用耳号钳在耳的边缘打孔或打缺口)或耳标(用耳标钳把耳标打在耳边上)。

2. 注意事项

(1)被接种的家畜必须是健康的,对妊娠后期和哺乳期的家畜缓期接种。

(2)接种器械必须事先消毒,并无菌贮藏。

（3）接种前要仔细了解疫（菌）苗包装标签或说明书规定的注射方法和剂量,检查疫（菌）苗的有效期,检查疫（菌）苗的颜色和形态是否正常,检查疫（菌）苗瓶是否破裂,瓶塞是否松动。

（4）接种后一定时间要对被接种的家畜进行观察,如发生严重反应,要及时进行解救。

（5）活疫（菌）苗不得随地排放,用后的空瓶不得随地丢弃,要进行无害化销毁处理。

（6）已经开瓶或稀释的疫（菌）苗须尽快（一般不过夜）用完,没有用完的疫（菌）苗按要求保存,放置过夜的不能再用。

三、牛羊养殖场传染病防治方案的制订

牛羊养殖场防治方案的制订,必须贯彻"预防为主"的方针,严格遵守《中华人民共和国动物防疫法》（以下简称《动物防疫法》）。根据本场的实际情况,制订本场的疫病防治方案。传染病的防治方案包括以下内容:

1. 消毒制度和消毒程序

牛羊养殖场要制订本场的消毒制度和消毒程序,内容包括进场消毒、进入生产区消毒、畜舍消毒、粪便和垫草消毒的具体措施。

（1）进场消毒　大门口要有消毒池和消毒室,要明确凡是进入牛羊养殖场的人员和车辆,都必须进行消毒,否则不准进入。大门口要有标牌,明示不消毒不准入内。进入场内的车辆司机,不经消毒不准下车。

（2）进入生产区消毒　生产区门口要有消毒室。进入生产区的人员主要指生产人员和经场长同意进入生产区的其他人员。凡是进入生产区的人员,都必须经过消毒室消毒。消毒室需备有工作服和工作鞋。人员消毒后着工作服和工作鞋进入生产区。出生产区时要把工作服和工作鞋留在消毒室消毒。消毒室一般用紫外线灯消毒,也可用喷雾消毒和蒸汽消毒。

（3）畜舍消毒　要明确消毒药的种类和名称、配制浓度、消毒方法、消毒范围、消毒间隔的时间和次数。畜舍消毒要选择消毒效果好、成本低、消毒药效维持时间长、对牛羊无害的药物。要严格按说明书规定的浓度配制。消毒范围为地面、墙壁、空间、饲养管理用具等。消毒间隔时间一般为 1～2 周消毒一次,有疫情时可每天消毒一至数次,连续 2～3 d。

（4）粪便和垫草消毒　一般采用集中堆集生物热消毒法,必要时也可采用喷洒消毒药消毒或焚烧。

2. 免疫制度

免疫是牛羊养殖场防控传染病的最重要环节,包括平时免疫接种、紧急免疫接种和临时免疫接种。

（1）平时免疫接种　要根据本场的具体情况和疫（菌）苗的免疫接种要求制订免疫计划和免疫程序,在免疫计划和免疫程序中,要明确免疫接种的项目,疫（菌）苗的名称,接种的时间、方法、剂量和次数,缓期免疫接种的对象。免疫接种的项目原则上按《动物防疫法》规定的一、二、三类动物疫病中本地区常发生的疫病选定。疫（菌）苗的名称按生物药厂制剂的名称确定。接种时间一般在春季或秋季。接种的方法、剂量和次数按疫（菌）苗的要求确定。缓期免疫接种的对象一般为:病畜、妊娠后期的母畜和哺乳期仔畜。但缓期接种的牛羊到期后必须及时补种。平时要把免疫接种工作放在一切工作的首位。

（2）紧急免疫接种　当本地区发生某种传染病时,要立即进行该传染病的免疫接种。建立

"免疫带"以包围疫区,阻止传染病传播扩散。

（3）临时免疫接种　临时为避免某些传染病发生而进行的免疫接种,如动物手术前、受伤后,为防止发生破伤风而进行的免疫接种。

（4）中草药预防　采用加味五黄散拌料饲喂,可取得良好的预防效果。加味五黄散可抗菌、抗病毒、抗原虫,增强机体免疫力。按每头牛每天 100 g,每只羊每天 30 g 加味五黄散,每月喂10 d,常见的牛羊传染病都可以得到较好的控制。

【加味五黄散】黄连 3% ,黄芩 10% ,黄柏 8% ,栀子 8% ,连翘 5% ,青蒿 15% ,板蓝根 13% ,贯众 13% ,地丁 10% ,雄黄 3% ,柴胡 7% ,黄芪 5% ,各药的剂量按总量的百分率计算。

3. 管理制度

为了防止传染源进入牛羊养殖场,饲养管理人员不得参与本场以外牛羊及其产品的经营活动;不得携带未经消毒处理的牛羊产品进场;外出回场时必须经大门口的消毒室彻底消毒,否则不得进场。其他牛羊养殖场的饲养管理人员不得进入本场;牛羊场的兽医人员,不得在场外设立兽医门诊部,到其他牛羊养殖场参加会诊后回本场时,需进行严格消毒后方可入场。上级领导到本场视察工作时,可带至中央控制室观看即时视频,一般不要进入生产区,特殊情况需要进入生产区时,要经场长同意,认真消毒后,由场长带领进入生产区。商品牛羊要进行全进全出制,以利于出栏后畜舍消毒。

实验实训与案例分析

一、牛羊传染病的诊断方法和程序

1. 目的要求

让学生掌握牛羊传染病的诊断方法和程序。

2. 设备、试剂和材料

每人一套病历表。

3. 方法步骤

（1）学生分组　每两人为一组,一人为假设临床兽医,一人为假设畜主,交替轮换。

（2）教师示范　教师按诊断程序作示范操作。

（3）学生操作　学生分组实习,按照"知识学习"中的诊断方法和程序,参照教师示范进行操作。

4. 作业

每人填写一份病历表。

二、牛羊传染病免疫接种技术训练

1. 目的要求

让学生掌握牛羊传染病免疫接种的方法和接种程序。

2. 设备、试剂和材料

山羊 2 只,20 mL 注射器 2 只,针头 1 盒,镊子 2 把,剪毛剪 2 把,消毒酒精棉球 1 瓶,灭菌生理盐水（500 mL）2 瓶,炭疽芽孢 Ⅱ 号菌苗 1 瓶（学生实习过程中,菌苗可用生理盐水代替）。

3. 方法步骤

（1）教师讲解示范　教师先给学生讲解免疫接种操作要求,然后作示范操作。

（2）学生分组操作　每两人一组,一人保定家畜,一人注射菌苗,轮流交换。

（3）操作过程和注意事项　学生按照"知识学习"中的免疫接种技术程序,参照教师示范,进行操作。

4. 作业

每人写一份实习报告。

三、牛羊养殖场传染病防治方案的制订

1. 目的要求

让学生学会制订牛羊场传染病防治方案。

2. 设备、试剂和材料

发给每人稿纸 5 张。

3. 方法步骤

教师先给学生讲解牛羊场传染病防治方案的内容和制订方法。学生按教师的要求,每人制订一套牛羊场传染病防治方案。传染病防治方案的内容包括:消毒制度和消毒程序、免疫制度和管理制度。

四、当地牛羊养殖场传染病调查

1. 目的要求

让学生掌握牛羊养殖场传染病调查的内容、调查的方法和程序。

2. 设备、试剂和材料

每人准备一个笔记本和一支笔,稿纸一本。

3. 方法步骤

（1）学生分组　每 4 人一组。牛羊场自己选定。

（2）操作过程　在老师指导下,按照"疫情调查"部分所学知识,调查以下内容:牛羊养殖场名称、存栏数、发病时间、病名、发病数、发病率、死亡数、死亡率、治愈数、治愈率,防控措施（包括:消毒、免疫接种、扑杀、治疗措施等）。还要调查同槽、邻居、同村、邻村是否发生同样疾病,以往什么时间发生过同样疾病。

4. 作业

每人写一份调查报告。

 随堂练习

1. 牛羊传染病诊断包括哪些内容?

2. 牛羊传染病免疫接种怎样操作?

3. 制订一个牛羊养殖场的传染病防治方案。

任务 1.2　口　蹄　疫

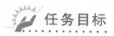

任务目标

知识目标：掌握口蹄疫的病因、流行特点、症状和诊断知识。

技能目标：学会根据资料对口蹄疫做出初步诊断，制订合理的预防措施。

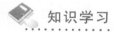

知识学习

一、概述

口蹄疫是世界各国防范的重要传染病之一，世界卫生组织将本病列为法定报告疾病，我国规定为一类动物疫病。按照《动物防疫法》的要求，发现动物染疫或疑似染疫的，应当立即向当地兽医主管部门、动物卫生监督机构或者动物疫病预防控制机构报告，并采取隔离等控制措施，防止动物疫情扩散。

口蹄疫是由口蹄疫病毒引起的牛、羊、猪等偶蹄动物共患的一种急性、热性、高度接触性传染病，以口腔黏膜、乳房皮肤、蹄叉等处发生水疱和烂斑为特征。

二、病原特征

口蹄疫病毒有 A 型、O 型、C 型、亚洲 I 型、南非 I 型、南非 II 型、南非 III 型 7 个主型。各型又分若干亚型（目前有 80 多个亚型）。各型之间不能互相免疫。病毒对外界环境有很强的抵抗力，对热和紫外线敏感，低温条件下能长时间存活。病毒在粪便和饲料中能存活数周至数月。2% 氢氧化钠（俗称火碱、烧碱或苛性钠）溶液可使其很快死亡。

三、流行特点

本病主要侵害偶蹄动物，其易感动物为：黄牛、奶牛、水牛、牦牛、绵羊、山羊、猪，牛最易感。病畜和带毒家畜是主要传染源。病毒存在于水疱液、水疱皮、奶、尿、唾液和粪便中，以水疱液和水疱皮的传染性最强；主要经呼吸道和消化道传染，也可经损伤的皮肤和黏膜传染。本病多发生于寒冷的冬春季节，偶尔也在夏季发病。本病的发病率高（新疫区可达 100%，老疫区 50%），幼龄家畜死亡率高，成年家畜死亡率低（一般为 1% ~2%）。

四、症状

（1）潜伏期平均 2~4 d，最长可达一周左右。病初体温升高（40~41 ℃），精神沉郁，食欲减退，渴欲增加，反刍停止。

（2）口腔黏膜、齿龈、舌面、鼻镜、蹄叉、蹄冠、乳房皮肤等处红肿，以后发生水疱。水疱破溃后形成烂斑和痂皮（图 1-1）。水疱破溃后体温下降至常温。

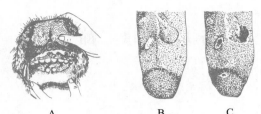

A. 齿龈上的疱、烂斑和溃疡，鼻翼和鼻镜上的烂斑；
B. 舌尖、舌体和舌背隆起的水疱(后者已破裂)； C. 舌尖上破裂的大水疱
图 1-1 牛口蹄疫口腔及舌部的烂斑

（3）口流泡沫性口涎，挂在口角或唇上（图 1-2）。病牛吃草谨慎。

（4）蹄趾肿痛，发生跛行或卧地不起。严重时蹄壳脱落（图 1-3）。

图 1-2 牛口蹄疫口角流涎

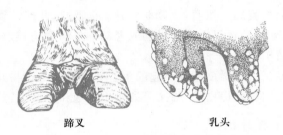

蹄叉   乳头

图 1-3 牛口蹄疫蹄叉及乳头的水疱

五、剖检病变

心包有弥散性或点状出血，心肌有白色、淡黄色斑点或条纹，俗称"虎斑心"。食管、前胃黏膜可见圆形水疱或溃疡。

六、诊断

（1）口蹄疫可根据流行特点和症状做出诊断，确诊需要实验室诊断。

（2）初诊发现疑似病例，应采集病料送检。可采集牛、羊食道、咽部分泌液或未破裂的水疱皮和水疱液，也可采集可疑带毒动物的淋巴结、脊髓、肌肉等组织样品。

病料采集方法：将病畜舌面新鲜的、未破裂、已成熟、没有异味的水疱或水疱皮连同周围组织一并采出，洗净后，以消毒过的剪刀剪下水疱皮（总量不少于 10 g），放入盛有 50% 甘油生理盐水的玻璃瓶中，密封后用纱布包好，置于填有冰块的冰瓶中送检。

七、防控措施

（一）预防

（1）不从疫区购买偶蹄家畜及其产品。

（2）新购进的牛羊要隔离观察,确认无病后方可合群饲养。

（3）预防接种　多采用口蹄疫 O 型－A 型二价灭活疫苗和口蹄疫 A 型灭活疫苗免疫。羔羊:28 ~ 35 日龄时进行初免;犊牛:90 日龄左右进行初免;新生家畜初免后,间隔 1 个月后进行一次加强免疫,以后每隔 4 ~ 6 个月免疫一次。

（4）消毒　平时做好场区环境的卫生清扫工作,及时清除垃圾,定期使用高压水冲洗路面和其他硬化区域,每周用 0.2% ~ 0.5% 过氧乙酸或 2% ~ 4% 氢氧化钠溶液对场区进行 1 ~ 2 次环境消毒。每天要清除圈舍内排泄物和其他污物,保持饲槽、水槽、用具清洁卫生,每天最少清洗消毒一次,可用 0.1% ~ 0.2% 过氧乙酸或 0.5% ~ 1% 的二氯异氰尿酸钠溶液。

（二）封锁与解封

1. 封锁措施

发现发病动物,立即上报疫情。确诊后,立即划定疫点、疫区（由疫点边缘向外延伸 3 km 范围的区域）和受威胁区（由疫区边级向外延伸 10 km 的区域）,采取封锁措施。

（1）疫点内措施　扑杀所有病畜及同群易感畜并进行无害化处理,对排泄物、被污染的饲料和垫料、污水等进行无害化处理,对被污染或可疑污染的物品、交通工具、用具、畜舍、场地进行严格彻底消毒,对发病前 14 d 售出的家畜及其产品进行追踪,并做扑杀和无害化处理。

（2）疫区内措施　关闭疫区家畜产品交易市场,所有易感畜紧急免疫接种。必要时,对疫区内所有易感动物进行扑杀和无害化处理。

（3）受威胁区内措施　受威胁区内最后一次免疫超过一个月的所有易感畜,进行紧急免疫接种。

2. 封锁的解除

疫点内最后一头病畜死亡或扑杀后,14 d 内未出现新的病例,疫区、受威胁区紧急免疫接种完成,终末消毒结束,经动物防疫监督机构按规定审验合格后,由当地畜牧兽医行政管理部门向发布封锁令的人民政府申请解除封锁。

无害化处理

对于不能治疗的一类动物疫病病畜,和可供食用的病肉及不能食用的疫病病畜和病畜产品都必须作无害化处理。

一、可供食用的病肉无害化处理法

1. 高温处理法

（1）普通烧煮法　将肉切成厚度不超过 8 cm、重不超过 2 kg 的方块,用普通敞口锅烧煮,经过 2 h,肉内温度超过 80 ℃,此时肉内的病原体已失去致病作用。

（2）高压蒸煮法　将肉切成如(1)大小,在 1.5 个大气压的密封锅内,经 1 ~ 1.5 h 即可达到无害的目的。

2. 预熟处理法

本法是利用乳酸菌发酵将肉酸化,达到杀灭某些病原体的目的。具体操作是:将要处理的肉剔去骨骼(剔下的骨骼用高温处理法处理)后,放置在 0 ~ 6 ℃ 的环境中,经 48 h 即能完成产酸,处理后的肉即可食用。

3. 盐腌法处理

将肉切成 2.5 kg 以下的方块,用盐量为肉重的 15%,腌制 2 个月以后即可食用。

二、有害肉尸、内脏的化制法

1. 湿化法

利用湿化机高压饱和蒸汽直接与肉尸组织接触即达到化制目的。

2. 干化法

利用干化机高压与干热作用而达到化制目的。

3. 土灶化制法

在土灶上安装 1 个直径 1.3 m 的大生铁锅,将肉切成 10 cm^3 的小方块放入锅内,再加 1/3 的水,然后熬煮,在熬煮过程中不断搅拌。将水全部蒸发完毕,油渣呈深黄色时停火,捞出的油渣可作肥料,油可用于工业生产。

三、销毁法

对恶性传染病死亡尸体,必须采用整体销毁法处理。

1. 焚化法

焚化法是销毁尸体最完善的方法。此法的代价高,不常用。焚化时选择僻静下风处,挖一个十字坑,长 2.6 m、宽 0.6 m、深 0.5 m。在坑底放上干草、木柴,在十字交叉处横担上铁棍,铁棍上放尸体,尸体上盖上木柴,然后点燃焚烧。还可用焚化炉将尸体焚烧。

2. 掩埋法

掩埋法就是挖一个深坑将尸体埋掉。在远离村庄、河流、食用水源的高燥地方,根据尸体大小,挖一个 2 m 以上的深坑,将尸体投入坑中,撒上生石灰,将尸体埋掉,埋后做上标记,长期不能挖出。

3. 腐尸坑法

此法适合屠宰场、兽医站、农牧场、乡村。首先建造一个圆形或方形的水泥坑,坑直径在 3 m 以下,深 6～10 m,坑上加盖并留通气孔,坑四周挖排水沟。将尸体投入腐尸坑中,不久即可达到消毒目的,当投入的尸体距坑口 1.5 m 以上时,关闭 4～5 个月,尸体即被分解。分解后的尸体可用作肥料。

❧ 实验实训与案例分析

案例分析

张辉实习小组接到孙老师通知,要到张村出诊。孙老师告诉大家,为了自身安全,今后凡是接触病畜,都要注意自身防护,到养殖场门口或到学校兽医门诊部时,都要穿上防护服,戴上口罩和手套。张村张三家养牛 3 头,其中一头 4 天前从市场上购买。张三告诉张辉实习小组,今天早上给牛喂草时,发现 3 头牛都不吃草。张三立即给孙老师打电话求助。经检查,病牛体温 40.5～

41 ℃,表现精神沉郁,口角流涎,行走时跛行,口腔有 5～8 个水疱,有的水疱已经破溃,蹄叉也有水疱。张三说他买牛的市场周围的牛正流行着一种传染病,已被专业实验室确诊。检查结束后,在孙老师的主持下,大家坐下来对病例进行分析。

大家分析认为有 1 头病牛是从疫区购买,可能购买时已被感染。临床表现口角流涎,口腔有水疱,行走跛行,蹄叉有水疱。病牛的临床症状与口蹄疫相符,初步诊断为口蹄疫。孙老师立即让张三向当地兽医主管部门上报疫情,并隔离病牛。经专业实验室诊断,张三家的牛被确诊为口蹄疫。兽医主管部门封锁了疫区。

 **随堂练习**

1. 口蹄疫的临床症状有哪些?
2. 怎样处理口蹄疫疫情?

任务 1.3　牛流行热

 **任务目标**

知识目标:掌握牛流行热的病因、流行特点、症状和诊断知识。

技能目标:学会根据资料正确诊断牛流行热,制订合理的防治措施。

 **知识学习**

一、概述

牛流行热是由牛流行热病毒引起的一种急性、热性传染病,以高热、流泪和呼吸困难为特征。我国将本病列为三类动物疫病。

二、病原特征

牛流行热的病毒对外界环境的抵抗力差,56 ℃、10 min、37 ℃ 18h 即可灭活,对酸、碱、紫外线都敏感。

三、流行特点

本病仅传染牛,以壮年牛、高产奶牛最敏感。病牛是主要传染源。本病通过吸血昆虫传播,以夏秋季节(6—10 月)吸血昆虫最活跃时多发,冬季一般不发病。本病传播迅速,发病率高,死亡率低,一般死亡率在 1% 以下。本病呈良性经过,一般病牛 2～3 d 恢复正常,俗称"三日热"。

四、症状

(1)病初体温升高(40～42 ℃),2～3 d 后降至常温,病牛精神沉郁,食欲减退或废绝。

（2）寒战,流泪,结膜充血,呼吸急促（每分钟 70 次以上）。

（3）大便干燥或下痢,尿少且浑浊。

（4）四肢关节肿痛,跛行或卧地不起。

（5）孕牛可发生流产、死胎。泌乳牛泌乳量减少或停止泌乳

五、剖检病变

间质性肺气肿为特征性病变,肺充血、水肿;也可见到肝、肾肿大,有小坏死灶;淋巴结肿大、充血或出血。

六、诊断

根据流行季节、发病率高、死亡率低、短时高热、呼吸急促、间质性肺气肿可做出初步诊断。本病确诊需要实验室诊断。

七、防治措施

（一）预防

（1）加强牛舍和牛体卫生管理　牛舍每天清扫、冲洗,牛体经常刷拭。

（2）消灭蚊蝇　夏、秋季节定时灭蚊蝇,消灭传播媒介。

（3）隔离　如附近有病牛,应将健牛与其隔离,切不可混饲。

（二）治疗

本病无特效药物,主要采取对症治疗。

（1）解热镇痛　用 30% 安乃近注射液肌内注射,每次 10 ~ 20 mL,每日两次。

（2）兴奋呼吸　用尼可刹米注射液肌内注射,每次 10 ~ 20 mL,每日两次。

（3）强心利尿,消除肺水肿　用甘露醇注射液 500 ~ 1 000 mL、10% 安钠咖注射液 10 ~ 20 mL、葡萄糖氯化钠注射液 1 500 ~ 3 000 mL 静脉输液,每日一次。

（4）肌内注射　黄芪多糖肌内注射,按产品说明书剂量使用。

（5）内服中药　柴胡 50 g、荆芥 30 g、防风 30 g、羌活 30 g、金银花 40 g、板蓝根 40 g、贯众 40 g、黄芩 40 g、栀子 40 g、连翘 40 g、甘草 20 g,煎汁内服,每日 1 服,连服 3 服。

 实验实训与案例分析

案例分析

时值盛夏,蚊蝇活跃,张辉实习小组接孙老师通知要去小王庄出诊。小王庄王五家养牛 5 头,前一天起陆续发病,王五给孙老师打电话求助。来到小王庄后,他们穿好防护服,戴上了口罩和手套。王五告诉孙老师,他们村的养牛户较多,近一周来大部分养牛户的牛都已发病。在王五家大家看到 5 头牛都卧在地上,赶起来后跛行。经检查病牛体温 41 ~ 41.5 ℃,精神沉郁,食欲废绝;流泪,眼结膜充血,喘气（每分钟 70 次左右）。听诊肺部,支气管呼吸音增强。检查结束后,大家坐下来对病例进行分析。

大家分析认为,当前时值盛夏,蚊蝇活跃,正是传染病流行季节,本村大部分牛都发生同样疾病。临床表现体温升高,精神沉郁,食欲废绝;流泪,结膜充血,呼吸急促,支气管呼吸音增强,四肢疼痛。其发病季节、环境状况与临床症状与牛流行热相符,初步诊断为牛流行热。经大家充分讨论,制订如下治疗方案:

（1）30% 安乃近注射液肌内注射,每次 20 mL,每天 1~2 次。

（2）黄芪多糖注射液肌内注射,按产品说明书要求使用。

（3）中药治疗,中药方及饲喂方式见本任务"知识学习"。

同时,叮嘱王五采取如下预防措施:

（1）加强牛舍卫生,每天清扫消毒。用 3% 氢氧化钠溶液对牛舍及环境喷洒,每天 1 次,连续 7 d。

（2）消灭蚊蝇,用菊酯类灭蚊药喷洒牛舍,每天傍晚喷洒 1 次。

4 天后回访,王五家 5 头牛已全部康复。

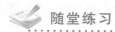 **随堂练习**

1. 牛流行热的症状有哪些?

2. 牛流行热的预防措施有哪些?

任务 1.4　牛病毒性腹泻

 **任务目标**

知识目标:掌握牛病毒性腹泻的病因、流行特点、症状和诊断知识。

技能目标:学会根据资料正确诊断牛病毒性腹泻,制订合理的防治措施。

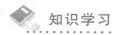 **知识学习**

一、概述

牛病毒性腹泻又称黏膜病,是由牛病毒性腹泻病毒引起的一种接触性传染病,以黏膜发炎、糜烂、坏死和腹泻为特征。我国将本病列为三类动物疫病。

二、病原特征

牛病毒性腹泻病毒是一种有囊膜的核糖核酸（RNA）病毒,为圆形颗粒,能在胎牛皮肤、肌细胞或牛肾细胞中增殖,一般不引起细胞致病作用。

三、流行特点

各种年龄的牛均可发病,但以犊牛发病较多。本病有明显的季节性,以寒冷的冬春季节多发。病牛是主要传染源。病牛的分泌物、排泄物中含有病毒,通过直接接触或间接接触传播。

四、症状

(1) 本病潜伏期为 7~10 d,个别可长达 14 d。急性型,病初体温升高(40~42 ℃),精神沉郁,食欲减退或废绝。

(2) 腹泻是本病的主要特征。病初粪便稀薄如水,恶臭,以后逐渐黏稠,呈糊状,混有黏液和气泡。

(3) 流浆液性鼻液,咳嗽,呼吸急促。中后期鼻镜干裂,表皮脱落。

(4) 后期跛行,弓背,多卧少立,食欲正常,渐进性消瘦。

(5) 孕牛发生流产。泌乳牛泌乳量减少或停止泌乳。

(6) 两眼流泪,角膜浑浊。

五、剖检病变

消化道黏膜充血、出血、水肿、糜烂。特征性病变为食管黏膜有纵行排列的小糜烂斑,消化道淋巴结水肿。

六、诊断

根据腹泻和剖检病变做出初步诊断。实验室诊断采用血清中和试验和病毒分离确诊。

七、防治措施

本病尚无特效治疗方法,主要采取预防措施。

(一) 预防

(1) 加强饲养管理 增强机体抵抗力。

(2) 定期对圈舍消毒 圈舍消毒能消灭病原,减少感染机会。

(3) 按计划进行免疫接种 增强机体免疫力。

(4) 加强卫生管理 对尸体和病畜分泌物、排泄物、污染物进行无害化处理,消灭传染源和病原。

(二) 治疗

(1) 肌内注射 黄芪多糖肌内注射,按产品说明书剂量使用。

(2) 止泻消炎 鞣酸蛋白 20 g,次硝酸铋 10 g,碳酸氢钠 40 g,淀粉浆 1 L,一次内服。黄连素 2~5 g,一次口服。同时,肌内注射青霉素、链霉素,或静脉注射抗生素。

(3) 内服中药 川黄连 30 g、黄柏 30 g、黄芩 30 g、栀子 40 g、连翘 40 g、金银花 40 g、五倍子 40 g、白及 40 g、板蓝根 40 g、贯众 40 g,煎汁内服,每日 1 服,连服 3~4 服。

🎙 实验实训与案例分析

案例分析

时值寒冬,张辉实习小组接到孙老师通知,要去大李庄出诊。大李庄李四家养牛 3 头,其中有 1 头 3 月龄的犊牛,近期 3 头牛相继发病。经本村兽医员医治无效,今天早上犊牛已经死亡。李四给孙老师打电话求助。来到大李庄后,大家穿戴好防护服、口罩、手套,首先对病牛进行了临床检查。经检查病牛体温升高(42 ℃),精神沉郁,食欲减退,腹泻,粪便呈糊状,混有黏液和气泡,流浆液性鼻液,咳嗽,呼吸急促,鼻镜干燥,跛行,弓背,两眼流泪,角膜浑浊。检查后又对死亡的犊牛进行了剖检。剖检病变为:消化道黏膜充血、出血、水肿、糜烂,食管黏膜有纵行排列的小糜烂斑,淋巴结水肿。剖检结束后,大家坐下来对病例进行分析。

大家分析认为,病牛发病时间正值寒冬,正是牛流行性腹泻发病季节。病牛临床症状和剖检病变都和牛病毒性腹泻相符,初步诊断为牛病毒性腹泻。经大家充分讨论,对其他两头病牛制订如下治疗方案:

(1)肌内注射黄芪多糖。

(2)大剂量输液,防止脱水和自体酸中毒。用葡萄糖氯化钠注射液每头牛注射 3 000 ~ 4 000 mL,每天上午一次,连续 3 ~ 4 d。

(3)内服中药,中药方及饲喂方式见本任务"知识学习"。

最后,孙老师叮嘱李四,要加强饲养管理,增强牛的抵抗力;定期对圈舍消毒。

7 天后回访,两头病牛已经康复。

 随堂练习

1. 牛病毒性腹泻的症状有哪些?
2. 牛病毒性腹泻的剖检病变有哪些?
3. 牛病毒性腹泻的预防措施有哪些?

任务 1.5　布鲁菌病

 任务目标

知识目标:掌握布鲁菌病的病因、流行特点、症状和诊断知识。

技能目标:学会根据资料正确诊断布鲁菌病,制订合理的防治措施。

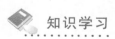 知识学习

一、概述

布鲁菌病又称布氏杆菌病,是由布鲁菌引起的,以母畜流产、不育和公畜睾丸炎为特征。我国将本病列为二类动物疫病。本病是一种人畜共患慢性传染病,因此,在进入病区、接触病畜时,应做全面防护;工作完毕,应对衣服、用具进行消杀,并清洗手、脸,防止染病。

二、病原特征

布鲁菌为小球杆菌,革兰染色阴性,分为马耳他布鲁菌、流产布鲁菌、猪布鲁菌、沙林鼠布鲁菌、绵羊布鲁菌和犬布鲁菌6个种,人类对流产布鲁菌、马耳他布鲁菌和猪布鲁菌高度易感。布鲁菌能形成荚膜,不产生芽孢,不运动。布鲁菌对高温、光、腐败、发酵抵抗力弱,若用巴氏消毒法,10~15 min 内死亡;用一般消毒剂,15 min 后死亡。该菌对卡那霉素和氯霉素敏感。

三、流行特点

布鲁菌的易感动物为羊、猪、水牛、牦牛,人也可感染。病畜和带菌动物为主要传染源。病原存在于病畜和带菌动物的分泌物和排泄物中。流产母畜的排出物中含有大量病原,是最重要的传染源。本病主要经消化道感染,也可经生殖道、皮肤和黏膜感染。本病无明显的季节性。幼畜有一定的抵抗力,母畜较公畜易感。

四、症状

本病的临床症状不明显,常为隐性经过。潜伏期一般为 14~180 d。

主要表现为:

(1)孕畜流产,牛常发生在孕后 5~7 个月,羊发生在孕后 3~4 个月。

(2)流产前孕畜的阴唇、阴道黏膜潮红肿胀,流出淡黄色黏液。

(3)流产前母畜腹痛不安,产出死胎或弱胎,常伴有胎衣不下。

(4)公畜主要表现为睾丸炎,后肢关节肿胀,跛行或卧地不起。

五、剖检病变

主要是流产胎儿和胎衣的病变。胎儿皮下、肌肉结缔组织胶样浸润,胸腹腔有微红色积液;真胃中有黄白色黏液和絮状物;脐带浆液性浸润,肥厚;胎衣有出血点,附着有纤维蛋白絮片和脓汁。

六、诊断

根据流行特点和发病症状可做出初步诊断,最后确诊靠实验室诊断。采用血清凝集试验、补体结合反应试验等判定为阳性者,即可确诊。

七、防控措施

(一)预防

(1)养牛场、养羊场实行自繁自养,实行人工授精,培育无病幼畜和健康畜群。

(2)应从非疫区引进牛羊。新购入的牛羊隔离观察 45 d 以上,并进行检疫,确认无病时才能合群饲养,防止引入传染源。

(3)对健康畜群要定期检疫,每年检疫 1~2 次。

(4)对畜舍、用具进行定期消毒。用 2%~3% 来苏尔、10% 石灰水、0.3% 络合碘、0.2% 百毒杀喷雾消毒。

（5）对病畜的排泄物、污染物、流产胎儿进行无害化处理。

（6）定期免疫接种疫苗,提高畜体免疫力。绵羊和山羊用布鲁菌猪型 2 号弱毒活菌苗饮水,不论雌雄和大小每只 100 亿~200 亿活菌,分两次饮服,第一天饮服 50 亿~100 亿,第二天再饮服 50 亿~100 亿。如果羊群较小,可一次饮服全量,也可用布鲁菌羊型 5 号弱毒活菌苗皮下注射和气雾免疫。剂量按菌苗说明书规定执行。

（二）控制

发现发病动物,立即上报疫情。确诊后,立即划定疫点、疫区、受威胁区,并采取隔离、扑杀、销毁、消毒、无害化处理、紧急免疫接种、限制易感染的动物和动物产品及有关物品出入等控制、扑灭措施。

（三）治疗

（1）冲洗阴道　用 0.1% 高锰酸钾溶液或 1∶1 000 卫康溶液冲洗阴道,每日两次,至无分泌物为止。

（2）抗生素治疗　用对革兰阴性菌敏感的抗生素治疗,可选用卡那霉素肌内注射,每日两次,牛每次 300 万~500 万 U,连续 7 d 为一疗程;或用头孢类药、喹诺酮类药肌内注射,按产品说明书使用。

（3）用中药治疗　【益母草散】益母草 30 g,黄芩 20 g,川芎、当归、熟地、白术、金银花、连翘、白芍各 20 g,碾为细末,开水冲,候温灌服,每日 1 服,连服 4~5 服。

实验实训与案例分析

布鲁菌病血清反应诊断技术操作训练

1. 目的要求

学会试管凝集试验和虎红平板凝集试验的操作技术。

2. 设备、试剂和材料

小试管每组 5 支,试管架每组 1 个,1 mL 吸管每组 5 支,生理盐水 5 瓶(每瓶 500 mL),被检血清 5 份,消毒缸 5 个,标准布鲁菌抗原 5 份,布鲁菌标准阳性和阴性血清各 1 份,石炭酸盐水 5 瓶(每瓶 500 mL),布鲁菌虎红平板凝集试验抗原 1 份,微量移液器 1 组,灭菌移液器吸头若干,小试管刷每组 5 个,牙签 1 包。

3. 方法步骤

操作前应穿实验服、戴手套和护目镜;操作后应将实验服放入密闭袋中,送至特定洗衣房进行消毒,同时用酒精擦手消毒。教师先做示范操作。学生分组操作,5 人为一组。学生操作过程中,教师巡回指导。操作过程如下:

（1）试管凝集试验

① 血清稀释　取小试管 5 支,在试管架上排成一排,标上 1~5 的序号,用生理盐水(或石炭酸盐水)将被检血清作 1∶25、1∶50、1∶100、1∶200、1∶400 稀释(表 1-1)。羊和猪的血清稀释度为 1∶25、1∶50、1∶100 和 1∶200,牛、马、鹿和骆驼的血清稀释度为 1∶50、1∶100、1∶200

和 1∶400。大规模检疫时也可只用 2 个血清稀释度（加抗原后的终稀释度），即牛、马、鹿、骆驼用 1∶50 和 1∶100，猪、山羊、绵羊和犬用 1∶25 和 1∶50。

表 1-1　试管凝集反应血清稀释表

试管号	1	2	3	4	5	阳性血清对　照 1∶25	阴性血清对　照 1∶25	抗原对照
血清最终稀释度	1∶25	1∶50	1∶100	1∶200	1∶400	1∶25	1∶25	
生理盐水/mL（羊用 10% 盐水）	2.3	0.5	0.5	0.5	0.5	0.5	0.5	石炭酸盐水 0.5
被检血清/mL	0.2	0.5	0.5	0.5	0.5			
抗　原（8 亿菌体/mL）/mL	0.5	0.5	0.5	0.5	0.5	0.5	0.5	0.5
判定								
弃去/mL	1.5		0.5					

第一支试管加入 2.3 mL 生理盐水，其余各管加入 0.5 mL 生理盐水。取 1 mL 吸管吸取 0.2 mL 被检血清，注入第一支试管中，在管中吸吹 3 次，使血清与盐水充分混合，并弃去 1.5 mL（移入消毒缸中）。再从第一管中吸取 0.5 mL，注入第二管中，用同样的方法混合均匀。再从第二管中吸取 0.5 mL，注入第三管中。以此类推，稀释下去。最后一管混匀后，弃去 0.5 mL。结果每管中的稀释血清均为 0.5 mL。（每支小试管用 1 支吸管。）

② 加入抗原　先将布鲁菌抗原用石炭酸盐水作 1∶20 稀释。用一支吸管在每个试管中加入稀释抗原 0.5 mL，结果每管血清又稀释一倍，最后各管稀释倍数依次为 1∶25、1∶50、1∶100、1∶200、1∶400。

检疫时要准备阳性血清管、阴性血清管和抗原管作对照。阳性血清对照、阴性血清对照的稀释操作与被检血清相同，也可简化为 1∶25 稀释。抗原对照为稀释抗原 0.5 mL，加石炭酸盐水 0.5 mL。

③ 观察并判定结果　各试管充分混合均匀后，置 37 ℃经 4~10 h 取出，在室温下静置 18~24 h（共 28 h），也可在室温下静置 28 h，观察并记录结果。过夜再检查一次结果。最后按判定标准判定。判定标准如下：

100% 菌体被凝集（++++）：液体完全透明，试管底部有伞状沉淀物，振荡时沉淀物碎裂呈花瓣状、块状或粒状。

75% 菌体被凝集（+++）：凝集现象同上，但液体略浑浊。

50% 菌体被凝集（++）：液体不甚透明，管底有伞状沉淀物，振荡时同样碎裂呈花瓣状、块状或粒状。

25% 菌体被凝集（+）：液体不透明，有不明显的伞状沉淀物，振荡时液体中央有块状或粒状物。

无凝集现象（-）：液体不透明，无伞状沉淀物，细菌可沉淀于管底，振荡时均匀浑浊。

山羊和绵羊的凝集效价以 1∶50 "++" 或更高者判定为阳性,1∶25 "++" 判定为疑似。牛以 1∶100 "++" 或更高者判定为阳性,1∶50 "++" 判定为疑似。判定为疑似的牛羊,半月后再重检一次,重检为阴性或仍为疑似,但畜群中过去和现在都没出现过阳性反应者,判定为阴性。如重检仍为疑似,畜群中出现过阳性反应者,判定为阳性。

（2）虎红平板凝集试验　在一块洁净的玻璃板上,用蜡笔划成 4 cm² 的方格若干个,或用载玻片代替玻璃板,每个载玻片表示一个方格。将被检血清、布鲁菌标准阴、阳性血清从冰箱中取出,平衡至室温。将血清和虎红平板凝集试验抗原混匀,分别吸取 25 μL 加于玻璃板 4 cm² 方格内的两侧。用牙签快速混匀血清和抗原,涂成 2 cm 直径的圆形,混匀后 4 min,在自然光下观察。试验同时设置阴、阳性对照。

在标准阳性血清不出现凝集时,试验成立,方可对被检血清进行判定。出现肉眼可见凝集现象者被判定为阳性(+),无凝集现象且反应混合液呈均匀粉红色者判定为阳性(−)。检疫结束后要及时填写检疫通知单(表 1–2)通知畜主。

表 1–2　布鲁菌病检疫(凝集反应)通知单(示例)

登记号		采血日期	年　　月　　日				畜主	
		收到日期	年　　月　　日					
通知号		检验日期	年　　月　　日					
畜号	畜别	血清稀释倍数				判定	备注	
		1∶25	1∶50	1∶100	1∶200			
1	牛	++++	+++	++	+	+	阳性	
2	牛	+++	++	−	−	±	疑似	
115	山羊	+++	++	+	−	+	阳性	
186	绵羊	+++	+	−	−	±	疑似	

实习结束后,清洗试管和吸管。

4. 作业

每人写 1 份实习报告。

 随堂练习

1. 布鲁菌病的症状有哪些?

2. 怎样防治布鲁菌病?

3. 先锋羊场半年前从外地购进一批种羊,未经检疫,购回后就合群饲养。近期不断有孕羊发生流产。流产前阴唇肿胀,阴道潮红、肿胀,从阴门流出淡黄色黏液。剖检流产胎儿,表现皮下、肌肉结缔组织胶样浸润,胸、腹腔有微红色积液,真胃中有黄白色黏液和絮状物。请你诊断该羊场发生的是什么病,并制订一套防治方案。

任务 1.6　结　核　病

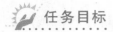

任务目标

知识目标：掌握结核病的病因、流行特点、症状和诊断知识。

技能目标：学会根据资料正确诊断结核病，制订合理的防治措施。

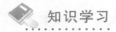

知识学习

一、概述

结核病是由分枝杆菌引起的人畜共患慢性传染病，以在多种组织器官内形成结核结节性肉芽肿和干酪样坏死、钙化结节为特征。牛结核病在我国被列为二类动物疫病。

二、病原特征

本病的病原是分枝杆菌属的 3 个种，即结核分枝杆菌、牛分枝杆菌和禽分枝杆菌，革兰染色阳性。分枝杆菌对外界环境的抵抗力强，在水中能存活 5 个月，在土壤中能存活 10 个月，在干燥的痰中能存活 10 个月。分枝杆菌较能耐受一般消毒剂，在 5% 来苏尔和苯酚（又称石炭酸）中能存活 24 h，4% 甲醛中能存活 12 h。其对高温、紫外线、日光和酒精较敏感，65 ℃时 30 min 死亡，70% 酒精 2 min 可杀死痰中的结核杆菌。分枝杆菌对一般抗菌药不敏感，但对链霉素、卡那霉素、庆大霉素、异烟肼、利福平、对氨基水杨酸等药物敏感。

三、流行特点

分枝杆菌的易感动物为牛、猪和禽，以牛最易感，多见于乳牛，黄牛、水牛次之。病畜是主要传染源，特别是开放性结核病畜是最重要的传染源。病原存在于痰、分泌物和排泄物中，通过飞沫和用具传播，经呼吸道、消化道感染。夏秋季节多发。本病呈慢性经过。

四、症状

（1）潜伏期　10～45 d，长的可达数月。病畜渐进性消瘦，精神沉郁，行走无力。

（2）肺结核　咳嗽，呼吸困难，常流黏液脓性鼻液。

（3）肠结核　便秘、腹泻交替出现，食欲减退。

（4）乳房结核　在乳房中形成肿块和结节，无热痛。泌乳量减少或停止泌乳。

（5）淋巴结结核　淋巴结肿大、硬且凹凸不平（图 1-4）。

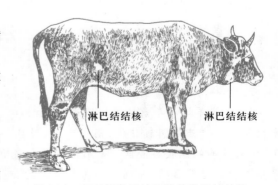

图 1-4　牛下颌淋巴结和股前淋巴结结核

（6）生殖器官结核 性欲亢进，母畜常出现假发情，屡配不孕或孕后流产。

五、剖检病变

被侵害部位形成结核结节是本病的特征性病变。结节切片中心有干酪样坏死。患胸腹腔浆膜结核时，在浆膜上形成密集的"珍珠状"小结节。

六、诊断

（1）根据渐进性消瘦、咳嗽和肺部听诊啰音，体表淋巴结肿大，剖检发现结核性结节可确诊。
（2）结核菌素变态反应试验是最常用的检疫方法。

七、防控措施

（一）预防

（1）加强饲养管理和畜舍卫生，培养健康畜群，提高机体抵抗力。
（2）定期检疫，每年1~2次。对检出的阳性病牛淘汰处理。引进种牛、奶牛时，检疫合格后方可引进；入场后，隔离观察45 d以上，再经变态反应试验呈阴性者，方可混群饲养。奶牛场通过检疫净化建立牛结核病净化群（场）。
（3）对牛圈舍、用具、活动场地定期消毒，对粪便进行无害化处理。
（4）受威胁的犊牛可试用卡介苗预防接种，在出生一个月后胸垂皮下注射（菌量50~100 mg），20 d后产生免疫力，免疫期12~18个月。以后每年免疫接种一次。
（5）为防止人畜互相传染，工作人员应注意防护，并定期体检。

（二）控制

具体内容同任务1.5布鲁菌病。

（三）治疗

用链霉素500万U肌内注射，每天两次，连续治疗3个月，或用卡那霉素、异烟肼等敏感药物治疗。

 实验实训与案例分析

牛型结核菌素变态反应试验操作训练

1. 目的要求
掌握结核菌素变态反应试验技术要领，学会结核菌素变态反应试验的操作技术。

2. 设备、试剂和材料
实验羊2只，剪毛剪2把，卡尺2把，10 mL注射器2把，注射针头1盒，麻绳2条，灭菌生理盐水（500 mL）1瓶（代替牛型结核菌素），点眼滴管2个。

3. 方法步骤
（1）教师讲解示范 教师先给学生讲解结核菌素变态反应试验的方法和操作程序，然后示范操作。

（2）学生分组操作　每三个人一组，两人实习操作，一人保定家畜，轮流交换。教师在学生操作过程中，巡回指导。

（3）操作过程　结核菌素变态反应试验一般采用皮内注射反应和点眼反应两种方法。

① 结核菌素皮内注射反应

注射部位　在颈侧中部上 1/3 处（3 个月以内的犊牛和山羊在肩胛部，绵羊在耳根外侧）注射。

注射剂量　绵羊和山羊将牛型结核菌素原液稀释：1 份原液加灭菌的 0.5% 石炭酸蒸馏水 3 份。3 个月以内的犊牛、绵羊和山羊 0.1 mL，3 个月至 1 岁的牛、绵羊和山羊 0.15 mL；12 个月以上的牛、绵羊和山羊 0.2 mL。

注射方法　在注射部位剪毛，直径 10 cm。剪毛后用卡尺测量术部中央的皮皱厚度，并做记录。然后左手捏住皮皱，右手持注射器将针头准确刺入皮内，缓慢地将规定剂量的结核菌素注入皮内。

观察　注射后分别于 72 h、120 h 进行两次观察，看局部有无热、痛、肿胀等反应。同时用卡尺测量注射部位的肿胀面积和皮皱厚度，并做记录。对乳牛注射 72 h 后观察呈阴性或疑似反应的，须在第一回注射的同一部位用同一剂量再作第二回注射。注射后于 48 h 再观察一次。

判定　局部有热痛，有界限不明显的弥漫性肿胀，术部注射前后皮厚差（注射前的皮皱厚度与检查时的皮皱厚度之差）≥4 mm 者，或出现典型炎性反应，判为阳性反应，记为"+"；皮厚差在 2~4 mm 之间，无典型炎性反应判为疑似反应，记为"±"；皮厚差≤2 mm，无典型炎性反应，判为阴性，记为"-"。判为疑似反应的，于 42 d 后进行复检。结果仍为疑似或阳性的，判为阳性。

② 结核菌素点眼反应　牛型结核菌素点眼，每次进行两回，间隔 3~5 d。

点眼方法　点眼前先对两眼进行认真检查，无眼病者才可做点眼检疫。一般将结核菌素点于左眼，左眼有病者可点于右眼，在记录上注明。点眼前将牛保定好，术者面对牛头左侧，用左手打开眼睑，右手持滴管将结核菌素 3~5 滴（0.2~0.3 mL）滴于结膜囊内。点眼后不要立即将左手放开，要停留片刻。然后把牛拴于避风避光处，注意不要让风沙侵入眼内，不要让牛眼与周围物体摩擦。

观察　点眼后于 3、6、9 h 后各观察一次，必要时 24 h 后再观察一次。观察眼及全身反应，并做好观察记录。

判定　有两个大米粒大小或 2 mm×10 mm 以上的脓性分泌物附着于眼角上或散布在眼周围，或聚积在结膜囊内，或脓性分泌物较少，但有明显的结膜充血、流泪、水肿和全身反应者，判定为阳性反应，记为"+"；有两个大米粒大小或 2 mm×10 mm 以上的灰白色、半透明的黏液性分泌物聚积在结膜囊内或眼角处，无明显的眼睑水肿和全身反应者，判定为疑似反应，记为"±"；无反应或结膜轻度充血，有浆液性分泌物者，判定为阴性反应，记为"-"。

③ 综合判定　用结核菌素皮内注射和点眼两种方法结合检疫的牛，两种方法中有一种为阳性反应者，即判定为阳性反应。两种方法中有一种为疑似反应者，即判定为疑似反应。

④ 复检　在健康牛羊群中（无阳性反应牛羊），如果第一次检疫判定为疑似的牛羊，要隔离饲养。1 个月后再做第二次检疫，仍为疑似的，半个月后可进行第三次检疫，如仍为疑似的，间隔一定时间后，再进行检疫，但该牛羊不能再与健康牛羊合群饲养。

如果牛羊群中有开放性结核,对疑似反应的牛羊应视为被感染。经两次检疫判为疑似反应者,可判定为阳性反应。

4. 作业

每人写 1 份实习报告。

随堂练习

1. 牛羊结核病有哪些症状?

2. 怎样防治牛羊结核病?

3. 前进乳牛场发现部分牛食欲减退,渐进性消瘦,有的间断性干咳,有的腹泻与便秘交替出现,有的乳房内有硬肿块、泌乳量减少,有的股前淋巴结肿大,有的长期发情、屡配不孕,场长请你诊断该乳牛场的乳牛发生了什么疾病,并制订一套防治方案。

任务 1.7　牛放线菌病

任务目标

知识目标:掌握牛放线菌病的病因、流行特点、症状和诊断知识。

技能目标:学会根据资料正确诊断牛放线菌病,制订合理的防治措施。

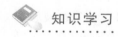

知识学习

一、概述

牛放线菌病是由放线菌引起的家畜共患慢性传染病,以头、颈、颌下发生硬肿和化脓为特征。

二、病原特征

牛放线菌病原分为牛放线菌和林氏放线菌。牛放线菌为革兰染色阳性,林氏放线菌为革兰染色阴性。放线菌对外界环境的抵抗力很强,在干燥环境中能存活 6 年;对热较敏感,75～80 ℃时 5 min 死亡;0.1 % 氯化汞(俗称升汞)溶液中 5 min 死亡。

三、流行特点

牛对放线菌最易感,尤其是换牙时期发病多。放线菌存在于土壤、水和草的芒刺上,当牛的口腔黏膜损伤时经创口感染。本病为散发。

四、症状

(1) 在牛的颈部、腮后和下颌骨部发生界限明显的硬肿,很难活动。初有疼痛,后期无痛。硬肿化脓后破溃,流出少量脓汁,脓汁中有黄色或黄褐色的颗粒样物,称为硫黄样颗粒。常常形成瘘管,经久不愈(图1-5)。

(2)舌部发病时,舌体变硬,活动困难,俗称"木舌症"。口腔流涎,间断咳嗽。

五、诊断

(1)临床诊断 根据临床症状即可做出诊断。

(2)实验室诊断 在临床症状不明显时,可采患部脓汁,经水洗后,取硫黄样颗粒置于载玻片上,滴加1滴15%氢氧化钾溶液,盖上盖玻片,稍加压,置显微镜下观察,发现特征性辐射状菌丝,即可确诊。

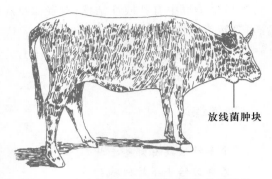

放线菌肿块

图1-5 牛患放线菌病时颌下的放线菌肿块

六、防治措施

(一)预防

(1)避免在潮湿地区放牧,喂草前先把草浸软,防止饲草刺伤口腔黏膜。

(2)口腔黏膜损伤后应及时治疗,减少放线菌感染的机会。

(二)治疗

(1)手术疗法 切开皮肤,分离病灶,将病灶切除后按创伤处理。

(2)药物疗法 用青霉素或庆大霉素或碘化钾溶液注射于患部。每日1~2次,5d为一个疗程。或用碘化钾内服,成牛每次4~6g,犊牛每次1~2g,每日两次,连用4~5d。

(3)烧烙疗法 用球形烧烙器在火上烧红,在保定确实的情况下进行烧烙。首先在硬肿中心处烧烙一个点,然后在第一点周围烧烙4~6个点。以皮肤烧黄为度,烧烙一次即可。

实验实训与案例分析

案例分析

赵庄村赵六牵着一头牛到张辉的学校兽医门诊部就诊。赵六介绍,去年冬天这头牛下颌骨处有一个圆形硬肿,今夏以来硬肿越来越大,所以来学校请求诊治。孙老师叫来张辉实习小组全体同学,穿好防护服,戴上口罩和手套,对病牛进行检查。经检查,病牛体温38.5℃,精神正常,瘤胃蠕动音每2 min 2~3次,肺部呼吸音正常,可视黏膜颜色正常,下颌骨处有一个苹果大的圆形硬肿,触压坚实如骨,不能移动,硬肿中央已经破溃,流出少量脓汁。创口经久不能愈合。采集脓汁用清水冲洗,发现有黄色颗粒状物。检查后大家对病例进行分析。

经分析大家认为病牛一切生理指标正常,下颌骨处的硬肿是治疗对象。根据硬肿发生在下颌骨处,触压坚实如骨,不能移动,破口经久不愈,流少量脓汁,脓汁中有黄色颗粒,其症状与牛放线菌病相符,诊断为牛放线菌病。经大家充分讨论制订如下治疗方案:

(1)药物疗法:① 用青霉素240万U,庆大霉素100万U,注射到硬肿周围,每日1次,5d为一疗程。② 碘化钾内服,成牛每次5g,犊牛每次2g,每日2次,连用4~5d。

（2）烧烙疗法:用球形烧烙器在火上烧红,确实保定好病牛,把烧烙器插入创腔内约 1 min。然后把烧烙器再次烧红,在创口周围烧烙 6 个点,以皮肤烧黄为度,烧烙只需 1 次即可。

最后,向赵六提出预防方案,具体内容见本任务"知识学习"。

3 个月后回访,硬肿已消失,创口已愈合。

随堂练习

1. 牛放线菌病的临床症状有哪些?
2. 怎样防治牛放线菌病?

任务 1.8　羊产气荚膜梭菌病

任务目标

知识目标:掌握羊产气荚膜梭菌病的病因、流行特点、症状和诊断知识。

技能目标:学会根据资料正确诊断羊产气荚膜梭菌病,制订合理的防控措施。

知识学习

一、概述

羊产气荚膜梭菌病是由产气荚膜梭菌(也称魏氏梭菌)引起的一类急性致死性传染病,以突然发病、腹痛和迅速死亡为特征。此类疾病包括:羔羊痢疾、羊肠毒血症、羊猝疽。羊快疫、羊黑疫的临床症状与产气荚膜梭菌病相似,但病原不同,需经病原实验室检查来鉴别。

二、病原特征

产气荚膜梭菌为厌氧性粗大杆菌,革兰染色阳性。产气荚膜梭菌分为 A、B、C、D、E 五型。A、E 型一般对羊不致病,B 型引起羔羊痢疾,D 型是羊肠毒血症的主要致病菌,C 型引起羊猝疽。本菌对消毒药比较敏感,一般消毒药均能杀死繁殖体,但芽孢的抵抗力较强,95 ℃时,2.5 h 方可杀死。本菌以外毒素致病。

三、流行特点

绵羊对产气荚膜梭菌最易感,山羊发病较少。本菌广泛存在于土壤、污水、粪便、饲料和饲草中,有些羊平常胃肠道中就有产气荚膜梭菌存在,成为条件致病菌。羔羊以 1—3 月份的寒冷季节多发。羊肠毒血症主要侵害两岁以下的幼羊,有明显的季节性,以春末夏初或秋末冬初发病较多。羊猝疽主要侵害 1—2 岁的幼羊,以冬春季节多发。

四、症状

(一)羔羊痢疾

(1)精神沉郁,低头弓背,食欲减退。

(2)严重腹泻,开始粪如糊状,很快变为水样,恶臭。粪便中含有气泡、黏液和血液,后期肛门失禁。

(3)病羔逐渐虚弱,脱水,卧地不起,1~2 d内死亡。

(4)部分病羔有神经症状,四肢瘫软,口吐白沫,头向后仰。

(5)剖检病变　真胃内有未消化的凝乳块,小肠(特别是回肠)充血、出血、溃疡,溃疡周围有出血带环绕。肠腔内容物呈血样。实质器官肿大变性。

(二)羊肠毒血症

(1)突然发病,离群呆立,精神沉郁,食欲废绝,腹痛不安。

(2)部分病羊腹泻,粪便如水样,呈褐色或暗绿色。

(3)死前出现神经症状,全身肌肉颤抖,磨牙呻吟,卧地不起,四肢抽搐,头向后仰,口吐白沫,在几小时或十几小时内死亡。

(4)剖检病变　肠黏膜充血、出血,整个肠壁呈黑红色。肾软化如泥样。

(三)羊猝疽

(1)临床症状类似羊肠毒血症。

(2)剖检病变　肠黏膜有糜烂和溃疡,体腔积液。

五、诊断

1. 初步诊断

根据临床症状和流行特点可做出初步诊断。

2. 细菌学检查

(1)病料直接涂片法　肝被膜触片、染色、镜检,发现产气荚膜梭菌即可确诊。

(2)毒素检查法　采集肠内容物过滤,取滤液给小白鼠或兔静脉注射(小白鼠0.2 mL、兔2~4 mL),0.5~1 h,动物呈昏迷状态,呼吸加快。如毒素含量高,动物10 min内死亡;如毒素含量低,则1 h后可恢复。有反应者为阳性,无反应者为阴性。

3. 中和试验,可确定菌型

在毒素中加入相应的抗毒素血清,能够中和相应的毒素,化解其毒性。在产气荚膜梭菌的A—E五型中,与其对应的抗毒素血清中和能力如表1-3所示。试验中,取灭菌试管4支,每支试管装入对兔(小白鼠)两倍致死量的肠内容物滤液,再给前三支试管加入等量的B、C、D型标准抗毒素血清,第四支试管不加抗毒素血清,只加入生理盐水作对照。将四支试管同时置于37 ℃温箱中,40 min后,再给兔(小白鼠)注射。每支试管注射2只,观察死亡情况,判定结果如表1-3、表1-4所示。

表 1-3　各型产气荚膜梭菌毒素、抗毒素相互中和能力表

毒素类型	抗毒素血清				
	A 型	B 型	C 型	D 型	E 型
A	+	+	+	+	+
B	−	+	−	−	−
C	−	+	+	−	−
D	−	+	−	+	−
E	−	+	−	−	+

注:"+"为能中和,"−"为不能中和。

表 1-4　产气荚膜梭菌中和试验反应结果表

混合	第一种结果	第二种结果	第三种结果	第四种结果	第五种结果
B 型抗毒素血清+肠内容物滤液——动物	活	活	活	活	死
C 型抗毒素血清+肠内容物滤液——动物	活	死	活	活	死
D 型抗毒素血清+肠内容物滤液——动物	死	活	死	活	死

肠毒素是 C 型　肠毒素是 D 型　肠毒素是 B 型或 E 型　肠毒素是 A 型

1. 不是产气荚膜梭菌毒素,可能是其他毒素毒物
2. 检查各种血清是否失效

4. 鉴别诊断

产气荚膜梭菌病易与炭疽、巴氏杆菌病和大肠杆菌病相混淆,需做鉴别诊断。

(1)炭疽　除羊发病外,牛、马也发病,且体温升高,可视黏膜发绀,尸僵不全,天然孔出血,脾肿大,细菌学检查可发现炭疽杆菌。

(2)巴氏杆菌病　体温升高,后期有肺炎症状,皮下组织出血性胶样浸润。细菌学检查发现巴氏杆菌。

(3)大肠杆菌病　肾不软化,肠内容物接种家兔不死亡,内脏器官采病料做细菌学检查,能发现大肠杆菌。

六、防控措施

(一)预防

(1)加强饲养管理,提高羊只抵抗力。

(2)一旦有羊发此病,立即转移草场,到高燥地区放牧。

(3)对舍饲羊群要搞好圈舍卫生,定期消毒。特别要做好产羔前后和接羔过程中的消毒工作。注意防寒保暖,让羔羊吃足初乳。

(4)每年秋季给母羊免疫接种"羊快疫、羔羊痢疾、羊肠毒血症、羊猝疽、羊黑疫五联菌苗",尾部皮下注射。免疫时期为 6~9 个月。

(二)治疗

(1)注射高免血清对本病有良好的疗效。

(2)肌内注射青霉素或庆大霉素　成年羊每只每次注射青霉素 160 万~240 万 U,羔羊 80

万~160万U,庆大霉素每次10万~20万U,一日两次。

(3)口服磺胺脒(SG),首次量每千克体重0.28 g,维持量每千克体重0.11 g,每日两次,内服。或口服环丙沙星,按产品说明书使用。同时内服活性炭以吸附毒素。

(4)头孢类药、喹诺酮类药肌内注射,按产品说明书所要求的剂量使用。

(5)内服10%石灰水,每只成羊100~150 mL。

实验实训与案例分析

案例分析

时值秋冬交接时节,南山牧场的羊群中绵羊不断发病,以两岁以内的幼羊多发,几小时或十几小时内死亡。场长来学校找孙老师,请求帮助控制疫情。孙老师带领张辉实习小组来到南山牧场,穿戴好防护服、口罩、手套后,首先对病羊进行临床检查。

经检查,病羊多突然发病,体温在38~39 ℃之间,精神沉郁,离群呆立,食欲废绝,腹痛不安,腹泻,粪便如水样,呈褐色或暗绿色。死前出现神经症状,表现全身肌肉颤抖,呻吟磨牙,卧地不起,四肢抽搐,头向后仰,口吐白沫,很快死亡。临床检查后,又对死羊进行剖检,主要病变为:肠黏膜充血、出血,整个肠壁呈黑红色;肾软化如泥样。剖检结束后,大家坐下来对病例进行分析。

经分析大家一致认为:南山牧场羊群发病时间为秋末冬初,主要是幼年绵羊发病。其流行特点、临床症状和剖检病变均与羊肠毒血症(羊产气荚膜梭菌病之一)相符,初步诊断为羊肠毒血症。经大家充分讨论,制订如下防治方案:

(1)加强饲养管理,提高羊只抵抗力。

(2)每天清扫圈舍,进行消毒,用3%氢氧化钠溶液对圈舍和环境进行喷洒,疫情控制后每周消毒1次。

(3)免疫接种,用羊四联疫苗或五联疫苗,每年秋季接种一次。

(4)肌内注射青霉素或庆大霉素,按"知识学习"中的用量用法治疗。

(5)内服10%石灰水,成羊每次100 mL,每天1次,连用3 d。

一周后回访,羊群基本稳定,不再发病。

随堂练习

1. 羔羊痢疾、羊肠毒血症和羊猝疽各有哪些症状?

2. 怎样防治羊产气荚膜梭菌病?

知 识 拓 展

一、牛恶性卡他热

(一)概述

牛恶性卡他热是由恶性卡他热病毒引起的一种急性、热性传染病,以短期发热,上呼吸道、副鼻旁窦、胃肠道、口腔等处黏膜发生急性卡他性、纤维素性炎症和角膜浑浊及非化脓性脑膜炎为特征。

恶性卡他热病毒对外界环境的抵抗力不强，既不能耐高温，又不能耐低温。室温 24 h 失去毒力，零度以下失去传染性。其对乙醚敏感。

本病在自然条件下只感染牛。不分年龄、性别和品种，但以壮年牛多发。一年四季均能发病，以寒冷的冬春季节多发。本病多为散发，死亡率高。本病在我国被列为二类动物疫病。

（二）症状

自然感染的潜伏期为 3 ~ 8 周，人工感染为 14 ~ 90 d 或更长。

根据临床症状，分为四型：最急性型、头眼型、肠型和皮肤型。

1. 最急性型

（1）病初体温升高（41 ~ 42 ℃），稽留不下；心跳加快，呼吸增数；精神沉郁，被毛松乱；结膜潮红，鼻镜干燥。

（2）食欲减退，反刍停止，饮欲增加，泌乳停止，严重者很快死亡。

2. 头眼型

（1）病初体温升高（40 ~ 41 ℃），稽留不下，直至死前下降；两眼畏光（羞明）、流泪，眼睑肿胀，结膜充血；前眼房出现纤维蛋白渗出物，角膜浑浊，严重者形成角膜溃疡或穿孔，虹膜脱出。

（2）鼻腔黏膜高度潮红、出血和溃疡，溃疡表面覆盖一层假膜；两鼻孔流出黏液脓性恶臭分泌物，有时带血，吸气性呼吸困难，带有鼾声。

（3）口腔黏膜潮红、发热、干燥；口腔内多处黏膜发生糜烂或溃疡，溃疡表面覆盖假膜；口流大量污秽恶臭唾液。

（4）由于脑膜发炎，出现一系列神经症状。

3. 肠型

肠型极不常见，主要表现为纤维素性坏死性肠炎，伴发高热。病牛严重腹泻，粪便稀如水样，恶臭，混有大量黏液和假膜，后期大便失禁。

4. 皮肤型

体温升高的同时全身多处皮肤（颈部、背部、乳房、蹄叉）发生水疱和丘疹，水疱破裂后形成棕色痂皮。1 ~ 3 d 或 4 ~ 14 d 死亡，致死率 20% ~ 90%。出现神经症状，第三天后体温继续升高或突然降温者预后不良。

（三）诊断

1. 初步诊断

根据临床症状可做出初步诊断。

2. 鉴别诊断

因与牛巴氏杆菌病、牛瘟、传染性角膜炎的临床症状有相似之处，需做鉴别诊断。

（1）牛巴氏杆菌病　无角膜浑浊、失明及神经症状。

（2）牛瘟　病程急，传播迅速，呈流行性。无眼部病变和神经症状。

（3）牛传染性角膜炎　只限于眼部病变，无全身症状。

（四）预防措施

1. 管理预防

（1）加强饲养管理，增强机体抵抗力。

（2）搞好畜舍卫生，定期消毒，消灭病原。

（3）发现病畜立即隔离治疗。对病畜污染的环境、用具彻底消毒。

2. 药物预防

本病目前无特效疗法。用药的目的是防止继发感染，可对症治疗。

（1）亚甲蓝（美蓝）2 g，5% 葡萄糖注射液 2 000 ~ 3 000 mL 静脉注射，每日一次。

（2）龙胆草、黄芩、柴胡、金银花、板蓝根、车前草、淡竹叶、地骨皮各 100 g，薄荷、僵虫、牛蒡子、连翘、玄参、栀子各 50 g，茵陈 200 g，水煎服。每日一次，连服 4 ~ 5 d。

二、绵羊痘和山羊痘

（一）概述

绵羊痘和山羊痘是由痘病病毒引起的羊的急性、热性、接触性传染病，以皮肤和黏膜发生脓疱和痂皮为特征。

痘病病毒对外界环境的抵抗力不强，高温、一般消毒剂都能很快将其杀死。痂皮中的病毒抵抗力较强，在痂皮中能存活 6 ~ 8 周。

痘病以绵羊易感，特别是细毛羊最易感。羔羊较成年羊易感性高。痘病对绵羊的危害性最大，病羊常因败血症死亡。病羊是主要传染源，通过痂皮、脓汁和痘疱液传播。痘病主要通过呼吸道或损伤的皮肤和消化道感染，也可通过吸血昆虫、体外寄生虫感染。世界动物卫生组织将本病列为法定报告的动物疫病，我国将其列为一类动物疫病。

（二）症状

（1）潜伏期通常为 5 ~ 14 d，冬季较长。病初体温升高（41 ~ 42 ℃），精神沉郁，低头呆立。食欲减退或废绝。

（2）咳嗽，寒颤，两鼻孔有黏液脓性鼻液。

（3）眼睑肿胀，结膜潮红或充血。

（4）发病 1 ~ 2 d 后，眼周围、唇、鼻翼、阴门、乳房、尾腹面、腿内侧等无毛或毛少处发生红斑、丘疹和水疱。水疱表面中央凹陷，以后水疱液变为脓汁，形成小脓疱，最后结痂，痂皮脱落后留下斑痕。

（5）严重时可继发肺炎、胃肠炎和败血症而死亡。

（三）诊断

根据临床症状可做出诊断。

（四）预防措施

（1）加强饲养管理，增强机体抵抗力。

（2）发病后将健康羊分开，隔离饲养。圈舍、用具彻底消毒，粪便、垫草作无害化处理。

（3）对假定健康羊和受威胁区的羊用羊痘鸡胚化弱毒疫苗紧急免疫接种。

（4）定期免疫接种，每年一次，在初春进行。用羊痘鸡胚化弱毒疫苗，不论大小，一律股内侧皮内注射 0.2 mL。

三、蓝舌病

（一）概述

蓝舌病又称"羊瘟"，是以昆虫为传播媒介，由蓝舌病毒引起的反刍动物的一种急性、热性、非接触性传染病，以口腔、鼻腔、胃肠道黏膜溃疡性炎症和口腔青紫色为特征。

绵羊对蓝舌病病毒易感性最高，一岁左右的绵羊发病最多，山羊的易感性较低，牛通常缺乏临床症状，但可作为本病的带毒者。蓝舌病病毒存在于羊的血液中，病毒对外界环境的抵抗力很强。病羊和带毒者是主要传染源。目前普遍认为蓝舌病是一种非接触性传染病，也就是说此病的传播需要有昆虫媒介存在。本病通过库蠓叮咬传播，有明显的季节性，以夏秋季节库蠓活动盛期发病最多。因此，本病的分布与库蠓的分布、习性和生活史有密切关系。世界动物卫生组织将本病列为法定报告的动物疫病，我国将其列为一类动物疫病。

（二）症状

（1）潜伏期为 3～8 d。病初体温升高（40～42 ℃），精神沉郁，食欲减退，常在放牧时掉队。

（2）上唇水肿，严重时蔓延至整个面部，直至耳部。

（3）口腔黏膜充血，呈青紫色。以后，口腔、颊、舌黏膜溃疡。口流涎，恶臭，吞咽困难。

（4）后期鼻腔有脓性鼻液，干后成痂，附着于鼻孔周围，引起呼吸困难，常有鼾声。

（5）有的病畜发生蹄叶炎、热痛、跛行，严重时卧地不起。

（6）后期病畜便秘或腹泻，粪便带血。

（三）诊断

1. 初步诊断

根据临床症状和流行特点做出初步诊断。

2. 动物接种试验

采集早期病畜的血液，接种于未免疫绵羊和免疫过的绵羊。若未免疫的绵羊发病，而免疫过的绵羊不发病，即可诊断为蓝舌病。

3. 实验室诊断

采用补体结合试验和琼脂扩散反应试验，判定为阳性的，即可确诊。

4. 鉴别诊断

（1）与口蹄疫的区别　口蹄疫为接触传染，蓝舌病需通过库蠓叮咬传染。口蹄疫的口腔溃疡先发生水疱后破溃，蓝舌病不发生水疱，而直接发生溃疡。

（2）与羊传染性口疮的区别　羊传染性口疮在口唇联合部发生脓疮，并有结痂，没有发热症状。蓝舌病不发生脓疮，且发热。

（四）预防措施

1. 管理预防

（1）不从疫区购买种羊。新引进羊应严格检疫，隔离饲养，确认无病后才能合群饲养。

（2）定期灭库蠓，消灭传染媒介。

（3）夏秋季节夜晚不让羊在野外露宿，避免库蠓叮咬。

（4）定期免疫接种，用鸡胚化弱毒疫苗每年春季接种一次。

2. 药物预防

为预防感染，可用抗生素和磺胺类药物控制。可用青霉素，成羊每只 80 万～160 万 U，肌内注射，每天 2～3 次，连用 3 d；或用庆大霉素，成羊每只 10 万～20 万 U，肌内注射，每天 2 次，连用 3 d；或用 10% 磺胺间甲嘧啶肌内注射，成羊每只 20～40 mL，每天 2 次，连用 3～4 d。

四、绵羊痒病

（一）概述

绵羊痒病是由病毒引起的一种慢性传染病，以潜伏期特别长、剧痒和神经症状为特征。

绵羊痒病病毒的抵抗力很强，煮沸 30 min 仍有传染性。本病毒主要传染绵羊，以侵害中枢神经组织为主。发病率 4%～30%，致死率 100%。我国将本病列为一类动物疫病。

（二）症状

（1）潜伏期长　本病的潜伏期特别长，自然感染可达 1～4 年，人工感染 1 日龄羔羊，脑内接种潜伏期可达 6 个月左右。

（2）病羊剧痒　病羊啃咬和摩擦尾根、臀部、荐部、股部和前肢。由于啃咬和摩擦，常引起这些部位脱毛、损伤和发生痂块。

（3）精神紊乱　病羊惊恐不安，颤抖，癫痫状发作，受惊后症状加剧。有的病羊耳朵颤抖，做点头或转圈运动；有的病羊行走时头抬高，前肢阔步，或做僵硬跑步样动作。病羊不能跳跃，遇门槛或土堆时摔倒。

（三）剖检病变

脑组织切片镜检，空泡增多。正常脑组织每一视野 0～1.05 个空泡，病羊达 8～108 个。

（四）诊断

（1）根据临床症状（剧痒、精神紊乱）做出初步诊断。

（2）实验室脑组织切片检查空泡增多，可作为确诊依据。

（五）预防措施

本病以预防为主。

（1）不从疫区引进种羊。如引进种羊，严格隔离观察 42 个月以上，确认无病后方可合群饲养。

（2）如羊群中有痒病发生，全群淘汰扑杀，对其活动环境封锁，彻底消毒，对其排泄物、污染物进行无害化处理。

五、炭疽

（一）概述

炭疽是由炭疽杆菌引起的人畜共患的急性、热性、败血性传染病，以突然高热，天然孔出血，血凝不良，尸体迅速腐败，皮下、浆膜下组织出血性胶样浸润和脾肿大为特征。

炭疽杆菌为竹节状的大杆菌，革兰染色阳性，在体内能形成荚膜，在外界环境中能形成芽孢。

炭疽杆菌的繁殖体对外界环境的抵抗力不强,一般消毒药即可杀死,煮沸即死。芽孢的抵抗力很强,高压灭菌121 ℃,10 min 才能杀死;在土壤中能存活数十年。其对青霉素和磺胺类药物敏感。

炭疽的易感动物为牛、羊、马、鹿、骆驼、猪和人。病畜是主要的传染源。病原存在于病畜的分泌物、排泄物和组织器官中,经消化道、呼吸道和创伤感染,吸血昆虫也可以成为传染媒介。本病多呈散发性流行,也可呈地方性流行,在夏秋多雨季节多发。本病在我国被列为二类动物疫病。

（二）症状

本病的潜伏期平均为 1 ~ 5 d,有的可达 14 d;根据病程和临床表现分为最急性型、急性型和亚急性型三型。

1. 最急性型

（1）突然发病,倒地不起,呼吸困难,黏膜发绀。

（2）天然孔出血,流出的血液不凝固。病程几分钟到几小时。

2. 急性型

（1）体温升高(40 ~ 42 ℃),稽留不降,精神沉郁,呼吸困难,黏膜发绀,瞳孔散大,天然孔出血。

（2）病牛兴奋不安,惊恐哞叫,乱冲乱撞,1 ~ 2 d 即死亡。

（3）病羊突然眩晕、摇摆、磨牙,全身痉挛,天然孔出血,常于数分钟内死亡。病程稍长者在数小时内死亡,表现不安、战栗、心悸,严重时呼吸困难,天然孔出血。

3. 亚急性型

（1）症状似急性型,病程较长,一般为 2 ~ 3 d。

（2）病畜阴囊、腹下、胸下及颈肩部发生局限性炎性肿胀。初期硬、有热痛,后期无热痛,按压呈生面团状。后期肿胀中央坏死,形成干褐色溃疡,称为"炭疽痈"。

（三）剖检病变

本病国家规定不得野外剖检,在有条件的实验室里可以剖检。主要的病理变化为:

（1）尸体迅速腐败,天然孔出血,血凝不良,呈煤焦油样。

（2）皮下和结缔组织出血性胶样浸润。

（3）脾肿大(2 ~ 5 倍),质地柔软,压迫似果酱状。

（4）各内脏器官出血,水肿。

（四）诊断

（1）根据临床症状和流行特点,可以做出初步诊断。

（2）在严格消毒的条件下,可以耳部采血涂片镜检,发现炭疽杆菌即可以确诊。

（3）用环状沉淀反应试验判定为阳性,可以确诊。

（五）防控措施

1. 预防

（1）定期免疫接种,用无毒炭疽芽孢菌苗或炭疽芽孢Ⅱ号菌苗皮下注射。无毒炭疽芽孢菌苗不能用于山羊,一岁以下的大家畜和绵羊每头 0.5 mL,一岁以上的大家畜每头 1 mL。若用炭疽芽孢Ⅱ号菌苗,所有家畜不论大小,一律每头 1 mL。免疫期一年以上。

（2）发现疫情立即上报,封锁疫区,尽快扑灭疫情。

（3）患病动物和同群动物全部进行无血扑杀处理,对所有病死动物、被扑杀动物,以及其排泄物和可能污染的垫料、饲料等物品进行焚烧掩埋处理。

（4）对病畜污染的环境、用具、粪便、垫草、饲料彻底消毒和无害化处理。消毒用20%漂白粉或10%氢氧化钠溶液喷洒。连续消毒三次，间隔1 h。以后每周再消毒一次。

（5）对疫点内所有家畜进行检疫，并进行紧急免疫接种。

（6）加强人员防护。

2. 治疗

（1）对病畜用青霉素、头孢类药、阿莫西林、喹诺酮类药或磺胺类药物进行治疗　用青霉素，小家畜每头160万U，大家畜320万U，肌内注射。用10%磺胺嘧啶，小家畜20～40 mL，大家畜50～100 mL，肌内注射，每天4次，连用3～5 d。或用磺胺间甲氧嘧啶按产品说明书剂量使用。

（2）抗炭疽血清皮下注射　喹诺酮类药，羊每头30～60 mL，牛100～300 mL，12 h后再注射一次。

六、巴氏杆菌病

（一）概述

巴氏杆菌病是由多杀性巴氏杆菌引起的畜禽共患传染病，以败血症、炎性出血为特征，所以又称出血性败血病（简称"出败"）。当受外界环境不良因素影响和较差的卫生条件影响时，家畜的抵抗力降低，成为该病的诱因。

巴氏杆菌为两极着染的短杆菌，革兰染色阴性。本菌对外界环境的抵抗力较弱。干燥空气中能存活2～3 d，高温下立即死亡。

对巴氏杆菌易感的动物为兔、牛、羊、鹿和骆驼。病畜和带菌畜禽是主要传染源。病原存在于分泌物和排泄物中，经消化道、呼吸道和创伤感染。蚊、蝇叮咬可传播本病。本病多呈散发和地方性流行。

（二）症状

（1）败血型　突然死亡。病程稍长者体温升高，精神沉郁，食欲和反刍废绝。咳嗽、流泪、流涎，有的腹泻。

（2）浮肿型　除有全身症状外，前胸、下肢、咽颈部水肿。

（3）肺炎型　除有全身症状外，主要表现为纤维素性胸膜肺炎。

（三）诊断

（1）根据临床症状和流行特点可做出初步诊断。

（2）实验室诊断　用细菌学检查发现巴氏杆菌，即可确诊。

（四）防治措施

1. 预防

（1）保持圈舍卫生，定期消毒，消灭病原，减少感染机会。

（2）药物预防　平时用敌菌净拌料混饲。敌菌净，牛、羊每千克体重用30 mg，每日两次，连续服5 d，停药10 d，再服药5 d，停药10 d。每月用药两个周期，可获得良好的预防效果。

（3）发病后立即隔离治疗，对同舍家畜用高免血清或药物紧急预防，圈舍彻底消毒。

2. 治疗

（1）用链霉素、卡那霉素、庆大霉素、头孢类药或磺胺嘧啶药肌内注射　链霉素,犊牛和羊每次1g,成牛3～5g,每日3次。卡那霉素,犊牛和羊50万～100万U,成牛300万～400万U,每日3次。其他药物参照各种药物的剂量应用。

（2）内服磺胺嘧啶　磺胺嘧啶,牛、羊首次量每千克体重用0.2g,维持量每千克体重用0.07g,每日两次,连续用药5～7d。

七、破伤风

（一）概述

破伤风是由破伤风梭菌引起的急性、中毒性家畜传染病,以全身肌肉强直性收缩和对刺激反应性增强为特征。

破伤风梭菌为严格厌氧菌,革兰染色阳性。本菌能形成芽孢,芽孢的抵抗力很强,在土壤中能存活数十年。

各种家畜对破伤风梭菌均敏感。病原广泛存在于土壤和粪便中,经创伤感染。破伤风梭菌不进入血液,在缺氧的创腔内繁殖,产生的外毒素进入血液,侵害中枢神经而引起发病。破伤风病为散发性流行。本病无明显的季节性,家畜不分年龄、品种和性别均易感染。

（二）症状

（1）全身肌肉强直性收缩,四肢僵硬,开张,行走强拘,如木马状,开口困难,两耳竖立,尾向上举,头颈伸直,肚腹蜷缩,后退困难(图1-6)。

（2）病畜一般食欲正常,采食和咽下困难。常常发生持续性瘤胃臌气。

（3）对外界刺激反应性增强,稍有刺激即发生强烈反应,惊恐不安。

（4）体温一般正常,死前体温升高(可达42℃),喘气。病程超过两周者,治愈希望较大。以7～10d死亡最多。

图1-6　牛破伤风全身肌肉强直性收缩

（三）诊断

根据临床症状可以确诊。

（四）防治措施

1. 预防

（1）定期免疫接种　在常发病地区,每年定期进行破伤风类毒素免疫接种,牛羊每头1mL,皮下注射,幼畜减半,可免疫1年。第二年再注射一次,可免疫4年。

（2）药物注射　受伤后立即用破伤风抗毒素皮下或肌内注射,可使家畜立即产生被动免疫。注射剂量为羊和犊牛1万～2万U,成年牛2万～4万U。

（3）加强管理　避免家畜受伤,对仔畜的脐带和成畜的伤口及时用碘酊消毒。

2. 治疗

（1）中和毒素　发病后用破伤风抗毒素皮下、肌内或静脉注射,为本病的特异性疗法。首次

30 万 ~40 万 U,总量 60 万 ~100 万 U。

（2）处理创伤 及时扩创、清创,使创腔与外界畅通。扩创后,用1%高锰酸钾溶液或过氧化氢溶液（又称双氧水）冲洗,或烧烙创腔。

（3）局部封闭 创腔周围分点注射。用青霉素 240 万 ~400 万 U、0.5%普鲁卡因溶液 100 ~150 mL,一日两次,连用 5 ~7 d。

（4）肌内注射 青霉素、阿莫西林、头孢类药、喹诺酮类药肌内注射,按产品说明书剂量使用。

（5）对症治疗

- 解痉镇静 用25%硫酸镁注射液加入糖盐水中静脉注射,或用氯丙嗪、安定肌内注射。
- 解除酸中毒 用5%碳酸氢钠注射液静脉注射,羊 500 ~1 000 mL、牛 1 000 ~2 000 mL。
- 对症治疗 便秘时用泻药缓泻,排尿障碍时用利尿药利尿。

（6）中药治疗

- 【天麻散加减】天麻 30 g、黑附子 20 g、天南星 20 g、乌蛇 30 g、蝉蜕 20 g、羌活 30 g、防风 20 g、荆芥 20 g、川芎 30 g、薄荷 30 g、半夏 20 g,煎汁灌服（牛）。每日一次,连用 3 d。
- 【甘草蝉蜕汤】甘草 250 g、蝉蜕 60 ~90 g、防风 30 g、荆芥 30 g、勾藤 75 ~90 g、木通 30 g、大黄 60 g、黄芪 45 g、川芎 30 g,煎服。每日 1 剂,连用 3 d（牛）。

（7）加强护理 保持环境清洁、安静,避免光线和其他刺激。防止摔倒,后期适当牵遛运动。给予充足饮水和易消化饲料,让其自由采食,不能采食者给予人工营养。

八、疯牛病

（一）概述

疯牛病是由痒病样纤维（scrapie-associated fibrils, SAF）病毒引起的牛的一种神经机能障碍性疾病,简称 BSE。本病以中枢神经机能紊乱、脑部出现海绵状病变为特征。

疯牛病于 1985 年 4 月首先在英国发现,1986 年 8 月定名为疯牛病。该病出现后,迅速在英国蔓延,每年有成千上万头患病牛死亡。现已波及世界许多国家,如法国、德国、丹麦、葡萄牙、美国、加拿大、印度、日本和韩国。

疯牛病病原对外界环境的抵抗力极强,加热到 360 ℃高温仍有感染力,对甲醛、氢氧化钠有很强的耐受性。该病为接触性传播,对牛和人的感染力很强。

（二）症状

（1）病牛恐惧、暴躁和神经质,常狂奔、冲撞其他牛只和其他物体。

（2）运动姿势异常,通常是后肢共济失调,呈醉酒步样,颤抖和倒地不起。

（3）感觉异常,病牛的触觉和听觉减退。

（4）体质下降,体重减轻,泌乳量减少,多数病牛仍维持良好的食欲。

（三）剖检病变

该病的病理变化集中在中枢神经系统:

（1）脑部出现海绵状病变,常可见到双边对称的空泡,这是该病的特征性病变。

（2）大脑呈淀粉样病变。

（四）防控措施

本病目前还没有有效的药物可供治疗，也没有疫苗可供免疫，主要是加强进口检疫，不从疫区进口活牛及牛产品，一旦发病立即封锁疫区，对疫区牛只进行扑杀，无害化处理。

九、小反刍兽疫

（一）概述

小反刍兽疫俗称羊瘟，又名小反刍假性牛瘟、肺肠炎、口炎肺肠炎复合症，是由小反刍兽疫病毒引起的小反刍动物的一种急性接触性传染病。以发热、口炎、肺炎、腹泻为特征。世界动物卫生组织将其列为法定报告动物疫病，我国列为一类动物疫病。

1942 年象牙海岸首次发生此病，以后非洲、亚洲多国相继发生本病。2007 年 6 月小反刍兽疫首次传入我国。2008 年 1 月多个省份暴发小反刍兽疫疫情，发病率和死亡率均达到 100%，给我国养羊业造成巨大损失。

（二）病原特征

小反刍兽疫病毒属副黏病毒科麻疹病毒属。与牛瘟病毒有相似的物理化学免疫学特性。病毒呈多形性，通常为粗糙的球形。病毒颗粒较牛瘟病毒大，核衣壳为螺旋中空杆状并有特征性的亚单位，有囊膜。病毒可在胎绵羊肾、胎羊及新生羊的睾丸细胞上增殖并产生细胞病变，形成合胞体。

（三）流行特点

山羊及绵羊为主要易感动物；牛多呈亚临床感染，并能产生抗体。本病可通过直接接触或间接接触传播，以呼吸道感染为主，一年四季均可发生，但多雨季节和干燥季节多发。

（四）症状

（1）小反刍兽疫潜伏期为 4~5 d，最长 21 d。

（2）病初体温升高至 41 ℃以上，维持 3~5 d。

（3）病羊烦躁不安，背毛无光，口鼻干燥，食欲减退。

（4）咳嗽喘气，流黏液脓性鼻涕，呼出恶臭气体。

（5）口腔黏膜充血，流涎，坏死。

（6）后期发生水样腹泻，严重脱水，消瘦。

（五）剖检病变

从口腔到瘤-网胃口可见坏死性口炎，黏膜炎，出现有规则、有轮廓的糜烂、出血。肠可见出血、斑马条纹，以结肠直肠结合处最明显。淋巴结肿大，脾有坏死性病变。典型的支气管肺炎病变，肺淤血呈暗紫色。鼻甲、喉、气管等处有出血斑。

（六）诊断

根据典型的临床症状和剖检病变可做出诊断。

（七）预防措施

（1）加强饲养管理，增强机体抵抗力。

（2）加强圈舍和环境消毒。用 1% 氢氧化钠溶液喷雾,平时每周一次,发病时每天 1 次。

（3）疫苗接种。我国现在使用的小反刍兽疫疫苗有两种,一种是小反刍兽疫弱毒苗,一种是小反刍兽疫、山羊痘重组苗。按生物药厂的使用要求接种,都能获得较好的效果。

项 目 小 结

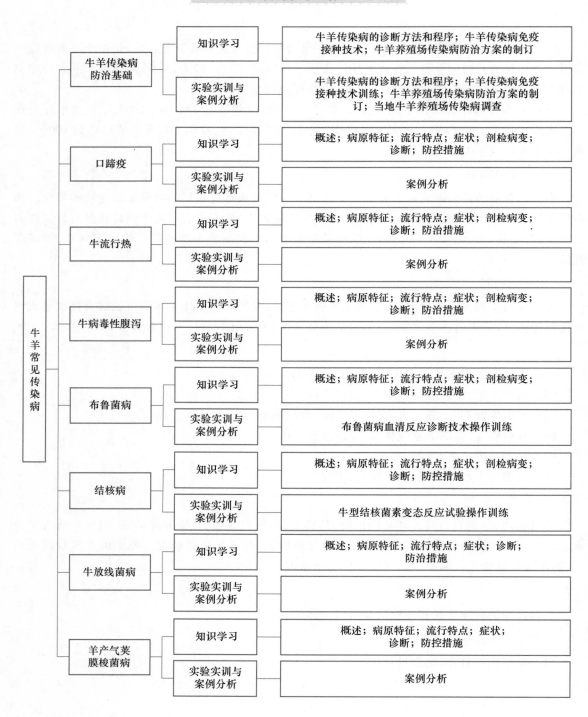

牛羊传染病防治基础	知识学习	牛羊传染病的诊断方法和程序;牛羊传染病免疫接种技术;牛羊养殖场传染病防治方案的制订
	实验实训与案例分析	牛羊传染病的诊断方法和程序;牛羊传染病免疫接种技术训练;牛羊养殖场传染病防治方案的制订;当地牛羊养殖场传染病调查
口蹄疫	知识学习	概述;病原特征;流行特点;症状;剖检病变;诊断;防控措施
	实验实训与案例分析	案例分析
牛流行热	知识学习	概述;病原特征;流行特点;症状;剖检病变;诊断;防治措施
	实验实训与案例分析	案例分析
牛病毒性腹泻	知识学习	概述;病原特征;流行特点;症状;剖检病变;诊断;防治措施
	实验实训与案例分析	案例分析
布鲁菌病	知识学习	概述;病原特征;流行特点;症状;剖检病变;诊断;防控措施
	实验实训与案例分析	布鲁菌病血清反应诊断技术操作训练
结核病	知识学习	概述;病原特征;流行特点;症状;剖检病变;诊断;防控措施
	实验实训与案例分析	牛型结核菌素变态反应试验操作训练
牛放线菌病	知识学习	概述;病原特征;流行特点;症状;诊断;防治措施
	实验实训与案例分析	案例分析
羊产气荚膜梭菌病	知识学习	概述;病原特征;流行特点;症状;诊断;防控措施
	实验实训与案例分析	案例分析

（牛羊常见传染病）

项 目 测 试

一、名词解释

口蹄疫　牛流行热　牛病毒性腹泻　布鲁菌病　结核病　牛放线菌病

二、填空题

1. 口蹄疫是由_____引起的偶蹄动物的一种急性、热性、高度接触性传染病。

2. 口蹄疫的易感动物为_____、_____、_____、_____和_____。

3. 口蹄疫的剖检病变中,特别应该注意的是心肌有白色、淡黄色斑点或条纹,俗称"_____"。

4. 牛流行热病毒对外界环境的抵抗力差,_____分钟即可灭活。

5. 牛流行热在_____时(发病季节)多发。

6. 患牛流行热的病牛一般在_____日恢复正常,俗称_____。

7. 牛流行热在我国被列为_____类动物疫病。

8. 牛病毒性腹泻各种年龄的牛都可发病,但以_____的发病率较高。

9. 牛病毒性腹泻的发病有明显的季节性,以_____多发。

10. 牛病毒性腹泻剖检特征性病变为_____。

11. 布鲁菌病的特征有_____、_____和_____。

12. 布鲁菌为革兰_____菌,分_____、_____、_____、_____和_____6个种。其中人类对_____、_____和_____高度易感。

13. 布鲁菌能形成_____,不产生_____。

14. 布鲁菌对_____和_____药敏感。

15. 布鲁菌病的临床症状_____明显,常_____经过。

16. 分枝杆菌分为_____、_____和_____三个种。

17. 70%酒精_____分钟能杀死分枝杆菌。

18. 对分枝杆菌敏感的药物有_____、_____、庆大霉素和_____、对氨基水杨酸等。

19. 牛结核病在我国被列为_____类动物疫病。

20. 结核病剖检的特征性病变是_____。

21. 放线菌分为_____和_____。

22. 放线菌对外界环境有很强的抵抗力,在干燥环境中能存活_____年,但对热比较敏感,_____分钟死亡。

23. 牛对放线菌最易感,尤其_____发病最多。

24. 产气荚膜梭菌病包括_____、_____和_____。

25. 产气荚膜梭菌为_____粗大杆菌,革兰染色呈_____。

26. B 型产气荚膜梭菌引起_____,C 型产气荚膜梭菌引起_____,D 型产气荚膜梭菌引起_____。

27. 剖检羔羊痢疾肠黏膜溃疡周围有_____。

28. 剖检羊肠毒血症,其肾的病变为_____。

三、选择题

1. 在对口蹄疫病毒抵抗力的叙述中,正确的说法应该是(　　)。

A. 对低温敏感,于-5 ℃能很快死亡　　　B. 对高温敏感

C. 对高温和低温都敏感　　　D. 对高温和低温都不敏感

2. 用氢氧化钠对口蹄疫病环境消毒,配制浓度为(　　)。

A. 30%　　　B. 20%　　　C. 2% ~4%　　　D. 10%

3. 口蹄疫发病最多的季节为(　　)。

A. 夏季　　　B. 冬春季　　　C. 秋季　　　D. 四季均一样

4. 口蹄疫病牛的分泌物和排泄物中,以(　)的传染性最强。

A. 粪便　　　B. 尿　　　C. 水疱液和水疱皮　　　D. 唾液

5. 分枝杆菌对外界环境的抵抗力很强,在干燥痰中能存活(　　)。

A. 1 个月　　　B. 2 个月　　　C. 5 个月　　　D. 10 个月

6. 结核病最主要的传染源是(　　)。

A. 开放性结核病畜　　　B. 隐性结核病牛

C. 病畜的排泄物、分泌物　　　D. 疑似结核病牛

7. 引起羔羊痢疾的病原主要是(　　)。

A. D 型产气荚膜梭菌　　　B. C 型产气荚膜梭菌

C. A 型产气荚膜梭菌　　　D. B 型产气荚膜梭菌

8. 牛型结核菌素变态反应试验的注射方法为(　　)。

A. 肌内注射　　　B. 皮下注射　　　C. 皮内注射　　　D. 静脉注射

9. 布鲁菌主要危害(　　)。

A. 运动系统　　　B. 消化系统　　　C. 呼吸系统　　　D. 生殖系统

10. 口蹄疫的易感动物为(　　)。

A. 牛　　　B. 马　　　C. 鸡　　　D. 鹅

11. 牛流行热的传染媒介为(　　)。

A. 吸血昆虫　　　B. 空气　　　C. 饲养管理用具　　　D. 蚂蚁

12. 牛病毒性腹泻的病原是(　　)。

A. 大肠杆菌　　　B. 沙门菌　　　C. 巴氏杆菌　　　D. 牛腹泻性病毒

13. 布鲁菌病在我国被列为(　　)。

A. 一类动物疫病　　　B. 二类动物疫病

C. 三类动物疫病　　　D. 不在防疫范围内

四、判断正误(正确画"√",错误画"×")

1. 口蹄疫在我国被列为二类动物疫病。(　　)

2. 牛羊感染口蹄疫后,初期体温正常,水疱破溃后体温升高至 $40 \sim 41$ ℃。(　　)

3. 口蹄疫的发病率高,死亡率低,仅为 $1\% \sim 2\%$。(　　)

4. 牛流行热是由牛流行热病毒引起的急性、热性、高度接触性传染病。(　　)

5. 牛流行热的易感动物为偶蹄动物。(　　)

6. 牛流行热的特征性病变为间质性肺气肿。(　　)

7. 产气荚膜梭菌对外界环境的抵抗力很强,一般消毒剂都不能将其杀死。(　　)

8. 绵羊对产气荚膜梭菌最易感,山羊很少发病。(　　)

9. 产气荚膜梭菌病有明显的季节性,以炎热的夏季多发。(　　)

10. 羔羊痢疾的主要症状是严重腹泻,开始粪便如水样,以后变为糊状。(　　)

11. 羊肠毒血症,剖检整个肠壁呈黑红色。(　　)

12. 产气荚膜梭菌病的毒素检查结果,有反应者为阴性,无反应者为阳性。(　　)

五、问答题

1. 口蹄疫的临床症状有哪些?

2. 怎样预防口蹄疫?

3. 牛流行热的临床症状有哪些?

4. 牛流行热的预防措施有哪些?

5. 牛病毒性腹泻的症状有哪些?

6. 牛病毒性腹泻的剖检病变有哪些?

7. 牛病毒性腹泻的预防措施有哪些?

8. 布鲁菌病的症状有哪些?

9. 怎样预防布鲁菌病?

10. 结核病有哪些症状?

11. 怎样预防结核病?

12. 牛放线菌病的临床症状有哪些?

13. 怎样防治牛放线菌病?

14. 羔羊痢疾、羊肠毒血症、羊猝疽各有哪些症状?

15. 怎样预防产气荚膜梭菌病?

项目 2

牛羊常见寄生虫病

项目导入

寄生虫病是一类群发性疾病,牛羊养殖场一旦发病,常常会引起大批牛羊发生消化不良、消瘦、贫血、生长缓慢,甚至死亡的现象,给牛羊养殖场造成严重损失。张辉实习小组通过对寄生虫病的实习,在孙老师指导下,学会牛羊寄生虫病的临床检查,收集临床症状,通过与所学相关知识对照,学会正确诊断牛羊寄生虫病,制订有效的防治措施,并参与治疗病畜。

本项目将要学习 14 个任务:(1)寄生虫病基础知识;(2)伊氏锥虫病;(3)牛泰勒焦虫病;(4)肝片吸虫病;(5)绦虫病;(6)棘球蚴病;(7)脑多头蚴病;(8)犊新蛔虫病;(9)血矛线虫病;(10)食管口线虫病;(11)肺线虫病;(12)螨病;(13)牛皮蝇蛆病;(14)羊鼻蝇蛆病。

任务 2.1　寄生虫病基础知识

任务目标

知识目标:1. 掌握寄生虫病的综合防治知识。
　　　　　2. 了解寄生虫和宿主的概念及分类。寄生虫与宿主的关系。
技能目标:学会制订牛羊养殖场寄生虫病的综合防治方案。

知识学习

一、寄生虫、宿主的概念

一种生物暂时地或永久地以另一种生物体为居住环境,夺取其营养,并给予一定的损害,这种现象称为寄生。寄生反映了两种生物间的相互关系,营寄生生活的动物称为"寄生虫";被寄生虫寄生的动物称为"宿主";因被寄生虫寄生而引起的宿主疾病称为"寄生虫病"。

二、寄生虫、宿主的分类

(一)寄生虫的分类

1. 按寄生时间长短分为暂时性寄生虫和永久性寄生虫

暂时性寄生虫是指需要营养时才与宿主接触,营短暂寄生的寄生虫。永久性寄生虫是指长期或终身居留在宿主体营寄生生活的寄生虫。

2. 按寄生部位分为外寄生虫和内寄生虫

外寄生虫是指寄生在宿主体表或皮肤内的寄生虫。内寄生虫是指寄生在宿主体内某器官或组织里的寄生虫。

(二)宿主的分类

1. 终末宿主

被性成熟阶段或有性繁殖阶段寄生虫所寄生的宿主为终末宿主。

2. 中间宿主

被性未成熟阶段或无性繁殖阶段寄生虫所寄生的宿主为中间宿主。

3. 补充宿主

补充宿主又称第二中间宿主。有的寄生虫幼虫的发育过程中需要两个中间宿主,幼虫发育前期所需的中间宿主称第一中间宿主,幼虫发育后期所需的中间宿主称补充宿主。

4. 贮藏宿主

某些寄生虫的感染幼虫,侵入一个并非它生理上需要的动物体内,但保持着对宿主的感染力,这个动物称为贮藏宿主。

5. 带虫宿主(带虫者)

一种寄生虫病在宿主自行康复或治愈之后,或处于隐性感染阶段,宿主对寄生虫还保持着一定的免疫力,但也保留着一定量的虫体感染,这个宿主称为带虫宿主或称带虫者。

三、寄生虫与宿主的相互关系

(一)寄生虫对宿主的危害和影响

1. 机械性刺激

寄生虫在宿主的特定组织或器官寄居,对被寄居的组织或器官造成损伤或引起炎症、出血、管腔堵塞、穿孔和萎缩。

2. 夺取营养

寄生虫在宿主体寄生时,从宿主体获取营养物质,以满足寄生虫自身的营养需要,造成宿主营养不良、消瘦、贫血等。

3. 毒素危害

寄生虫在宿主体生长发育的过程中所排出的代谢产物和分泌物质对宿主具有一定的毒性,宿主吸收后,毒素侵害宿主的神经系统和循环系统,引起神经机能和循环机能紊乱。

4. 带菌感染

寄生虫侵入宿主体内后,在移行过程中,把病原体(细菌、病毒和其他寄生物)带进宿主的其他组织器官,使这些组织器官被感染。

(二)宿主对寄生虫的反应和防御

在寄生虫危害宿主的同时,宿主也产生一定的抵抗力,来限制寄生虫的生长发育和生存。

(1)宿主以发炎、充血、形成包囊、钙化,以及白细胞游出吞噬、溶解寄生虫等形式,对抗寄生虫的危害。

(2)寄生虫侵入宿主机体后,刺激宿主产生特异性抗体,对抗寄生虫的侵袭和毒害作用。

(3)如果宿主的防御适应机能较强,寄生虫的生长发育就会受到限制,不出现临床症状。

四、寄生虫病的感染途径和流行因素

(一)寄生虫病的感染途径

寄生虫感染宿主的最主要途径是经口感染,其次是经皮肤、黏膜感染,还有少数寄生虫病经胎盘感染。

(二)寄生虫病的流行因素

1. 外界环境因素

寄生虫在外界环境中生存,必须具备一定的条件,如湿度、温度、阳光、pH 等。

2. 寄生虫的感染途径和在宿主体内的寿命

寄生虫有适宜的感染途径,在宿主体内有较长的生长寿命,寄生虫病流行的可能性就大,否则,流行的可能性就小。

3. 易感动物群的存在

在一定范围内,有易感动物群存在,才能引起寄生虫病的流行。

4. 社会因素

1949 年以前,旧中国根本不重视动物寄生虫病的防治,缺乏动物寄生虫病防治制度和组织机构,动物寄生虫病常常大范围流行。中华人民共和国成立以后,党和政府非常重视动物寄生虫病的防治,从中央到地方建立了一整套动物疫病防治机构,制定了动物疫病防治政策和法规,使动物寄生虫病得到了有效的控制。

五、寄生虫病的免疫

(一)寄生虫病免疫的概念

当寄生虫侵入宿主后,试图在宿主体内生活时,宿主会动员自身的一切防御力量,抵抗寄生虫的危害,遏制其生存,称为寄生虫病的免疫反应。

(二)寄生虫病免疫抗体产生的规律

在抗原初次侵入宿主所引起的免疫反应中,抗体效价不高,在宿主体内存留的时间也不长,一般 10 d 左右开始下降。这时如果再次给宿主注入同种抗原,因原来的抗体与新进来的抗原相结合而被清除,抗体效价继续下降,随后抗体效价上升,这个曲线高峰比初次要高10倍以上,维持时间可达数月,以后缓慢下降。这个抗体反应曲线对制订免疫接种计划非常重要。

六、寄生虫病的综合防治措施

寄生虫病的综合防治措施,要贯彻"预防为主"的方针。其内容包括驱虫和外界环境除虫两个方面。

(一)驱虫

1. 预防性驱虫

根据本地区寄生虫病的流行规律和寄生虫的生活史制订驱虫计划。不论牛羊群有无寄生虫病发生,对所有的牛羊一律在一定时间和一定地点集中驱虫,驱虫的时间一般选在春秋两季各驱虫一次。驱虫后要集中观察一段时间,每天检查粪便,到虫体完全排净为止。驱虫后排出的粪便要及时清扫,集中后利用生物热处理。

2. 治疗性驱虫

不论个体或群体,也不论在何种季节,只要发现寄生虫病,都要及时给予治疗性驱虫,减轻寄生虫对畜体的侵害,尽快恢复畜体健康。驱虫时要对病畜单独饲养,驱虫后要对病畜进行观察。对病畜排出的粪便及时清扫,集中进行生物热处理或焚烧。

(二)外界环境除虫

(1)对畜舍、运动场和放牧地的粪便要及时清扫,集中进行无害化处理。

(2)保护好饲草、水源,不要被粪便污染。

(3)要合理安排放牧密度,合理使用放牧地,减少牛羊被寄生虫侵袭的机会。

(4)消灭中间宿主和传播媒介,打断寄生虫病的流行环节。

 实验实训与案例分析

牛羊寄生虫虫体、虫卵的观察

1. 目的要求

认识常见牛羊寄生虫的虫体和虫卵(图 2-1)。

2. 设备、试剂和材料

牛羊寄生虫虫体和虫卵标本,显微镜。

3. 方法步骤

(1)教师演示牛羊寄生虫虫体和虫卵的特征。

(2)学生分组观察牛羊寄生虫的虫体和虫卵。

4. 作业

每人画一套牛羊寄生虫的虫体和虫卵图。

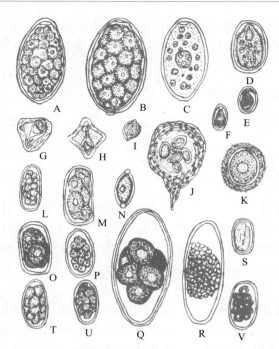

A. 肝片吸虫卵；B. 大片吸虫卵；C. 阔盘吸虫卵；D. 日本分体吸虫卵；E. 胰阔盘吸虫卵；F. 双腔吸虫卵；
G. 扩展莫尼茨绦虫卵；H. 贝氏莫尼茨绦虫卵；I. 无卵黄腺绦虫卵；J. 曲子宫绦虫卵；K. 牛新蛔虫卵；
L. 古柏线虫卵；M. 牛仰口线虫卵；N. 毛首线虫卵；O. 羊仰口线虫卵；P. 辐射食管口线虫卵；Q. 细颈线虫卵；
R. 马歇尔线虫卵；S. 乳突类圆线虫卵；T. 毛圆线虫卵；U. 捻转血矛线虫卵；V. 哥伦比亚食管口线虫卵。

图 2-1　常见牛羊寄生虫虫卵的形态

随堂练习

1. 寄生虫对宿主的危害有哪几方面？

2. 宿主对寄生虫的反应与防御有哪几方面？

3. 寄生虫病免疫抗体产生的规律是什么？

4. 外界环境除虫包括哪些内容？

5. 河西养羊场饲养绵羊 1 200 只，有草场 33.3 hm²，分别在羊场的东侧 500 m、南侧 300 m 和西侧 600 m。该养羊场实行夏秋季放牧，冬春季舍饲的饲养制度，请你帮助该养羊场制订一套寄生虫病综合防治方案。

任务2.2　伊氏锥虫病

任务目标

知识目标：掌握伊氏锥虫病的病原特征、生活史与流行特点、致病作用及症状、诊断和防治

　　知识。

　　技能目标：学会根据资料正确诊断伊氏锥虫病，制订合理的防治措施。

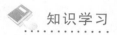 知识学习

一、概述

　　伊氏锥虫病是由伊氏锥虫寄生在牛的血浆内引起的一种血液原虫病，以间歇发热、消瘦、贫血、黄疸、黏膜出血、心力衰退、浮肿和后躯麻痹为特征。

二、病原特征

　　伊氏锥虫的虫体细长，呈卷曲的柳叶状或弓形，前端尖细，后端粗钝，波动膜发达，游离鞭毛长达 6 μm（图 2-2）。吉姆萨染色细胞核和动基体呈深红紫色，鞭毛呈红色或棕黄色，波动膜呈粉红色，原生质呈淡天蓝色。

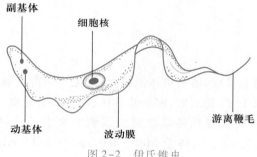

图 2-2　伊氏锥虫

三、生活史与流行特点

（一）生活史

　　伊氏锥虫寄生在宿主的血浆和造血器官内，以纵分裂方式繁殖。

（二）流行特点

　　伊氏锥虫病的传染源是病畜和带虫者，吸血昆虫——虻和厩蝇是传播媒介。易感动物顺序为：马、骡、驴、骆驼、牛。牛感染后多能耐过急性期，转为慢性经过，无明显症状，或成为带虫者。本病多在夏、秋季节吸血昆虫活跃时流行。

四、致病作用与症状

（一）致病作用

　　主要由锥虫毒素损害宿主的血液、肝和神经系统，使红细胞溶解，引起肝功能障碍和神经机能障碍。

（二）症状

（1）间歇性发热（40 ℃以上），精神沉郁，食欲减退，呼吸增数，心跳加快。

（2）羞明、流泪、结膜充血、黄疸。

（3）贫血、消瘦，体表淋巴结肿大。

（4）腹下、胸前、下颌间隙、面部（眼睑）和四肢浮肿。

（5）后期后躯麻痹，卧地不起，耳尖、尾尖脱落。

五、诊断

1. 初步诊断

根据流行特点和临床症状可做出初步诊断。

2. 实验室诊断

（1）病原检查　采血、涂片、染色（吉姆萨染色）、镜检，发现虫体即可确诊。

（2）血清学检查　采用间接凝集试验和补体结合反应，判定为阳性者，即可确诊。

（3）动物接种试验　采血接种于小白鼠，3 d 出现症状，5 d 死亡，可判定为阳性。

六、防治措施

（一）预防

（1）加强管理　注意饲养管理，增强机体抵抗力；避免与病畜接触。

（2）注意环境卫生　减少虻、蝇滋生，定期捕杀虻、蝇等吸血昆虫。

（3）药物预防　用 20% 安锥赛预防盐注射液颈侧中央皮下注射，体重 150 kg 以下，每头 5 mL；体重 150～200 kg，每头 10 mL；体重 200～350 kg，每头 15 mL；体重 350 kg 以上，每头 20 mL。一次有效期为 3～5 个月。

（二）治疗

（1）阿维菌素或伊维菌素肌内注射　牛每 50 kg 体重用 1 mL。

（2）贝尼尔肌内注射　牛每千克体重用 3～5 mg。用灭菌蒸馏水配成 5% 溶液，一次臀部肌内注射。隔日一次，三次为一个疗程。

（3）萘磺苯酰脲静脉注射　牛每千克体重用 12 mg（极量 3～5 g/头）。用灭菌蒸馏水配成 10% 溶液，一次静脉注射。一周后重复用药一次。

（4）安锥赛静脉注射　牛每千克体重用 3～5 mg。用生理盐水配成 10% 溶液，一次静脉注射。

实验实训与案例分析

案例分析

菊城郊区乳牛场入夏以来，陆续有牛发病，产奶量迅速下降。场长到学校找孙老师，请孙老师帮乳牛场控制疾病。孙老师带领张辉实习小组来到郊区乳牛场。穿戴好工作服、口罩、手套，首先对病牛进行临床检查。病牛体温在 40～41℃之间，呈间歇热型；精神沉郁，食欲减退，呼吸数为 45

次/min,心率为 96 次/min;贫血,可视黏膜黄染,颌下、胸前、腹下、四肢浮肿。有两头牛后躯麻痹,卧地不起,耳尖、尾尖脱落。临床检查后又进行了采血、涂片。然后大家坐下来对病例进行分析。

经分析大家一致认为,郊区乳牛场的病牛在夏季发病,正是吸血昆虫盛行季节,其临床症状与伊氏锥虫病相符,初步诊断为伊氏锥虫病,待血涂片带回学校实验室检查后确诊。回校后将血涂片用吉姆萨染色后镜检,发现伊氏锥虫,郊区乳牛场的病牛确诊为伊氏锥虫病。经大家充分讨论,制订如下治疗方案:

(1) 用 20% 安锥赛预防盐注射液对所有牛进行颈侧中央皮下注射:体重 150 kg 以下牛,每头 5 mL;体重 150～200 kg 牛,每头 10 mL;体重 200～350 kg 牛,每头 15 mL;体重 350 kg 以上牛,每头 20 mL。一次有效期 3～5 个月。

(2) 病牛伊维菌素肌内注射,每 50 kg 体重用 1 mL。每天 1 次,连用 2～3 次。

最后,向场长提出预防方案:

(1) 加强饲养管理,增强机体抵抗力,严格隔离病牛以减少传播机会。

(2) 搞好牛舍及环境卫生,每天清扫粪便。消灭吸血昆虫,用菊酯类灭蝇药对牛舍及环境喷洒,每天 1 次。

10 天后回访,除特别严重的病牛死亡 2 头外,其他病牛都已康复,不再有新发病例。

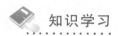

随堂练习

1. 试描述伊氏锥虫的虫体形态。
2. 伊氏锥虫病的症状有哪些?
3. 怎样防治伊氏锥虫病?

任务 2.3　牛泰勒焦虫病

任务目标

知识目标:掌握牛泰勒焦虫病的病原特征、生活史及流行特点、致病作用与症状、诊断和防治知识。

技能目标:学会根据资料正确诊断牛泰勒焦虫病,制订合理的防治措施。

知识学习

一、概述

牛、羊泰勒焦虫病的症状与防治措施相似,这里以牛泰勒焦虫病为代表加以讲述。

牛泰勒焦虫病是由牛泰勒焦虫寄生于牛的红细胞和网状内皮细胞引起的一种原虫病。以高热稽留、体表淋巴结显著肿大、眼睑结膜有溢血斑,以及贫血黄疸为特征。

二、病原特征

牛泰勒焦虫的形态有环形、逗点形、椭圆形、杆形、圆形和十字形等多种形态,以裂殖生殖方式繁殖(图2-3)。吉姆萨染色原生质呈淡蓝色,染色质呈红色。

大裂殖体

小裂殖体

图2-3 牛泰勒焦虫裂殖体

三、生活史与流行特点

(一)生活史

牛泰勒焦虫的血液型虫体被蜱吸食后,在蜱胃里红细胞被溶化,释放出大小配子,大小配子结合成合子,合子再形成动合子,进入蜱的消化道,再移入唾液腺,形成多核孢子和子孢子,生存在唾液腺管中。在蜱吸食牛的血液时,把虫体接种到牛体内,在牛体内发育繁殖。

(二)流行特点

牛泰勒焦虫病的传染源是病牛和带虫者,传播媒介是璃眼蜱(中间宿主)。本病主要在夏、秋季节舍饲条件下流行。以6—7月发病率最高,1—3岁的牛发病较多,种牛、改良牛和外地牛发病率高。

四、致病作用与症状

(一)致病作用

牛泰勒焦虫主要以虫体在红细胞内大量繁殖破坏红细胞,虫体毒素侵害造血机能和神经机能。

(二)症状

(1)突然发病,体温升高(40~42 ℃),稽留不下。精神沉郁,呆立不动。

(2)食欲减退,肠蠕动减弱,反刍停止,便秘或腹泻,粪便恶臭,常带黏液和血液。

(3)呼吸和心跳增速,呼吸粗厉,可视黏膜发绀。

(4)消瘦、贫血、黄疸,尿液淡黄色或深黄色。体表淋巴结(颌下、肩前及膝襞淋巴结)显著肿大,并有痛感。眼睑、口腔、肛门黏膜及尾根下有粟粒大至扁豆大的深红色溢血斑点。病程10 d左右。

五、诊断

(1)根据流行特点和症状可做出初步诊断。

(2)实验室诊断:采血、涂片、吉姆萨染色后镜检,发现虫体即可确诊。

六、防治措施

(一)预防

(1)搞好畜舍卫生,定期消毒灭蜱。

(2)牛体灭蜱。经常检查牛体,发现蜱叮咬应及时除去处死。

(3)不在有蜱滋生的草地放牧,避免被蜱侵袭。

（4）引进种牛时，避开蜱活动季节，并应对牛体仔细检查，不要把蜱带回本场。

（二）治疗

（1）贝尼尔肌内或静脉注射，每千克体重用 7 ~ 10 mg。

（2）硫酸喹啉脲皮下或肌内注射，每千克体重用 1 mg。

（3）阿维菌素或伊维菌素肌内注射，牛、羊每 50 kg 体重用 1 mL。

实验实训与案例分析

案例分析

进入 7 月以来，湖滨肉牛场突然有多头牛发病。场长给孙老师打电话，请求帮助控制病情。张辉实习小组跟随孙老师来到湖滨肉牛场。到场后张辉实习小组穿好防护服，戴好口罩和手套，首先对病牛进行临床检查。经检查，病牛体温在 40 ~ 42 ℃ 之间，呼吸数 45 次/min，心率为 96 次/min；精神沉郁，呆立不动；食欲减退，肠蠕动音减弱，反刍停止，腹泻，粪便恶臭，带黏液和血液；贫血，可视黏膜黄染，尿液黄色；颌下、肩前及膝壁淋巴结肿大，触压有痛感；眼睑、口腔、肛门黏膜、尾根下有粟粒大至扁豆大的深红色溢血斑点；肘后和腹下有多个蜱叮咬在皮肤上。临床检查后又进行采血涂片。然后大家坐下来对病例进行分析。

经分析大家一致认为，湖滨肉牛场的病牛在 7 月发病，其临床症状与牛泰勒焦虫病相符，且牛体发现多个蜱叮咬，初步诊断为牛泰勒焦虫病。待血涂片带回学校实验室检查后确诊。回学校后将血涂片用吉姆萨染色镜检，发现大量泰勒焦虫。湖滨肉牛场的病牛被确诊为牛泰勒焦虫病。经大家充分讨论，制订防治方案如下：

贝尼尔或伊维菌素肌内注射，贝尼尔每千克体重用 10 mg，伊维菌素每 50 kg 体重用 1 mL，每天 1 次，连续 3 d。

最后，向场长提出预防方案：

（1）搞好牛舍卫生，每天清扫粪便。每周进行一次灭蜱消毒，用灭害灵粉喷洒牛体。

（2）购买种牛时，避开蜱活动季节，并对牛体进行仔细检查，不把蜱带入本场。

1 周后回访，湖滨肉牛场的病牛已全部康复。

随堂练习

1. 牛泰勒焦虫病有哪些症状？

2. 怎样防治牛泰勒焦虫病？

任务 2.4　肝片吸虫病

任务目标

知识目标：掌握肝片吸虫病的病原特征、生活史与流行特点、致病作用与症状、诊断和防治知识。

技能目标：学会根据资料正确诊断肝片吸虫病，制订合理的防治措施。

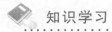 知识学习

一、概述

肝片吸虫病是由肝片吸虫寄生于牛、羊的胆管中引起的一种寄生虫病，以肝炎、肝硬化、胆管炎、消化紊乱、消瘦为特征。

二、病原特征

肝片吸虫的成虫呈榆叶状，虫体扁平，新鲜虫呈棕红色，长 20 ~ 35 mm，宽 5 ~ 13 mm。虫体前端有一个锥状突起，称头椎。头椎后方变宽形成肩部，肩部后逐渐变窄。虫体有两个吸盘，一个叫口吸盘，位于头椎前端；一个叫腹吸盘，位于两肩之间，腹吸盘大于口吸盘。雌雄同体（图 2-4）。

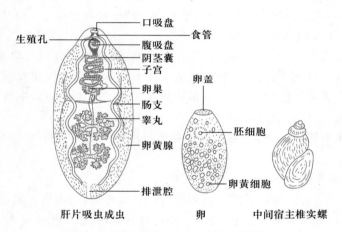

图 2-4　肝片吸虫成虫、虫卵及中间宿主

虫卵呈卵圆形，黄褐色或棕黄色。卵的前端稍窄，有一个不明显的卵盖。

三、生活史与流行特点

（一）生活史

肝片吸虫的成虫寄生于宿主的胆管内，虫卵随胆汁排入小肠，继而随粪便排出体外。在外界环境中发育成毛蚴。毛蚴在水中进入中间宿主椎实螺体内，在椎实螺体内发育成尾蚴，尾蚴出螺体，附着于水草上发育成囊蚴，当囊蚴被牛羊食入后，在消化道脱囊，透过肠壁进入血液，或穿过肠壁进入肝，或随血液循环到达胆管内，在胆管内发育成成虫。成虫寿命 3 ~ 5 年。

（二）流行特点

病畜和带虫者是主要传染源。椎实螺是中间宿主。主要感染牛羊。潮湿多雨季节发病。

四、致病作用与症状

（一）致病作用

幼虫在移行过程中，损伤肠壁及肝，引起肠炎、肝炎和出血。成虫对胆管有持续性刺激和毒素作用，并夺取宿主营养，引起胆管炎、贫血、消瘦和水肿。虫体堵塞胆管，引起黄疸。

（二）症状

1. 急性期

体温升高，精神沉郁，食欲减退，贫血，黄疸。羊多为此型。

2. 慢性期

贫血，消瘦，结膜苍白，眼睑、颌下、胸前、腹下等处出现水肿，食欲减退或异嗜，周期性瘤胃臌气，腹泻。牛多为此型。

（三）剖检病变

肝实质萎缩，硬变。胆管粗厚如索状突出于肝表面，胆管内壁粗糙，内含虫体和粒状磷酸盐结石。

五、诊断

1. 初步诊断

根据流行特点与症状可做出初步诊断。

2. 剖检

在胆管发现虫体即可确诊。

3. 实验室诊断

采取粪便反复水洗、沉淀的方法查出虫卵，可以确诊。

六、防治措施

（一）预防

（1）预防性驱虫　每年进行两次驱虫，第一次在秋末冬初或由放牧转入舍饲之后，第二次在冬末春初。南方地区可每年进行三次驱虫，即夏季再驱虫一次。驱虫方法为用吡喹酮，牛、羊均按每千克体重 5 mg 内服。每次驱虫时要集中处理粪便，用生物热消毒法杀死虫卵。

（2）消灭中间宿主　填平或改造水渠和低洼地，用化学药品灭螺。可喷洒血防 67，配制浓度为每吨水 2.5 g，或喷洒 0.002% 硫酸铜溶液灭螺。

（3）注意饮水和饲草卫生　不到椎实螺滋生地放牧，给牛羊饮用清洁井水，水生饲草经青贮后再喂牛羊。

（二）治疗

（1）贝尼尔　羊每千克体重用 10～15 mg，牛每千克体重用 12.5 mg，内服。或肌内注射，牛、羊每千克体重用 3～5 mg，用生理盐水配成 5%～10% 溶液。

（2）吡喹酮　牛、羊每千克体重用 5 mg，内服。

（3）硝氯酚　牛每千克体重用 3～4 mg,羊每千克体重用 4～5 mg,内服。

（4）血防 864　羊每千克体重用 0.04～0.06 g,牛每千克体重用 0.03 g,内服。隔日 1 次,连服 3 次。

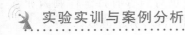

实验实训与案例分析

粪便反复沉淀法操作训练

1. 目的要求

掌握粪便反复沉淀法的操作方法。

2. 设备、试剂和材料

牛、羊新鲜粪便,研钵,200 mL 烧杯,玻璃棒,滤网,烧杯架,玻璃漏斗,玻璃槽,显微镜,电动离心机,水桶,吸管,载玻片。

3. 方法步骤

粪便反复沉淀法操作演示

教师示范操作;学生分组操作,每两人为一组。

取被检新鲜粪便 5～10 g 于研钵中研细,然后转入烧杯内,加少量清水搅拌均匀后,再加 10～20 倍清水搅拌均匀,静置 5～10 min,将上清液倒入玻璃槽内(或用滤网滤入另一烧杯内,静置 5～10 min,倒出上清液)。再在此玻璃槽加清水搅拌均匀后静置,取上清液。如此反复数次,直至滤液清亮为止。倾去上层清液,用吸管吸取少量沉渣,放在载玻片上镜检。

此法可用离心机,以节约时间。把粪便滤液加入离心管中离心后倾去上层液,再加清水离心,如此反复多次,直至上层液体透明为止。再用吸管吸取沉渣,放在载玻片上镜检。

4. 作业

每人写一份实习报告。

随堂练习

1. 肝片吸虫病有哪些症状?

2. 怎样防治肝片吸虫病?

3. 蓝天养牛场的草场低洼潮湿。自前年起,每到夏秋季节,在牛群中不断发生一种病,病牛食欲减退,渐进性消瘦。后期结膜苍白,颌下、胸前水肿,周期性瘤胃膨气,腹泻。剖检发现肝实质萎缩变硬,胆管粗厚如绳索状,在肝表面即可见到。胆管内有一种榆叶状物。为控制今后不再继续发病,请你诊断蓝天养牛场的牛群发生的是什么病,并制订一套防治方案。

任务 2.5　绦　虫　病

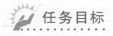

任务目标

知识目标:掌握绦虫病的病原特征、生活史与流行特点、致病作用与症状、诊断和防治知识。

技能目标：学会根据资料正确诊断绦虫病，制订合理的防治措施。

 知识学习

一、概述

绦虫病是由绦虫寄生于畜禽消化道引起的一种寄生虫病，以衰弱、消瘦、贫血和神经机能紊乱为特征。

二、病原特征

绦虫虫体呈扁平带状，长 1~6 m，宽 16 mm，由无数节片组成（图2-5），呈白色或乳白色，雌雄同体。绦虫节片可分为头节、颈节和体节三部分。头节细小，呈球形或梭形，其上有固着器固着在肠壁上，颈节细短。体节又可分为未成熟节片、成熟节片和孕卵节片三部

头节　　　　　成虫

图 2-5　牛带吻绦虫

分。绦虫不断从颈节长出新节片，孕卵节片不断脱落。卵呈三角形、四边形或卵圆形，内含六钩蚴。

三、生活史与流行特点

（一）生活史

孕卵节片随粪便排出体外，卵在外界环境中发育成幼虫，被中间宿主地螨吞食。六钩蚴在地螨体内发育成似囊尾蚴，污染饲草。牛羊食入带有地螨的饲草，似囊尾蚴吸附在小肠黏膜上，发育为成虫（约经 40 d）。

（二）流行特点

病畜为传染源，以羔羊和犊牛最易感。中间宿主为地螨。阴暗潮湿的地区地螨最多，在温暖多雨季节发病较多。

四、致病作用与症状

（一）致病作用

（1）机械刺激引起肠炎，虫体多时堵塞肠腔，引起肠梗阻、肠破裂。

（2）由于虫体生长很快，需从宿主夺取大量营养，引起宿主贫血、消瘦。

（3）虫体产生大量毒素，侵害宿主神经系统，引起神经功能紊乱。

（二）症状

（1）食欲减退，饮欲增加，腹围增大，腹痛，下痢或便秘。

（2）衰弱、消瘦、贫血。

（3）个别出现神经症状，呈现抽搐、旋转运动。

五、诊断

（1）根据流行特点和症状可做出初步诊断。

（2）从粪便中查出孕卵节片或用饱和盐水漂浮法从粪便中查到虫卵，均可确诊。

六、防治措施

（一）预防

（1）注意放牧地点与时间，避免在地螨滋生地放牧，不在雨后的早晨和傍晚放牧。

（2）搞好环境卫生，加强粪便管理，及时清扫粪便，集中做无害化处理。

（3）预防性驱虫　在舍饲转放牧前对牛羊进行第一次驱虫，用灭绦灵（氯硝柳胺）按牛每千克体重 60 ~ 70 mg、羊每千克体重 75 ~ 80 mg 内服。放牧后一个月内进行第二次驱虫，一个月后进行第三次驱虫，用药、剂量、方法与第一次驱虫一样。

（二）治疗

（1）1% 硫酸铜溶液内服　绵羊 1 ~ 3 月龄 15 ~ 30 mL，3 ~ 6 月龄 30 ~ 45 mL，6 ~ 10 月龄 40 ~ 80 mL，10 月龄以上 80 ~ 100 mL。成年山羊不超过 60 mL。犊牛每千克体重用 2 ~ 3 mL。

（2）灭绦灵　牛每千克体重用 60 ~ 70 mg，绵羊每千克体重用 75 ~ 80 mg，内服。

（3）别丁（硫双二氯酚）　牛每千克体重用 40 ~ 60 mg，羊每千克体重用 80 ~ 100 mg，内服。

实验实训与案例分析

粪便饱和盐水漂浮法操作训练

1. 目的要求

掌握粪便饱和盐水漂浮法的操作程序和操作技术。

2. 设备、试剂和材料

新鲜牛羊粪便，研钵，200 mL 烧杯，食盐，玻璃棒，滤网，玻璃漏斗，烧杯架，直径 5 ~ 10 mm 铁环，载玻片，显微镜，离心机，玻璃槽，水桶。

粪便饱和盐水漂浮法
操作演示

3. 方法步骤

教师示范操作；学生分组操作，每两人为一组。

（1）饱和盐水制备　取食盐 380 g，加入 1 000 mL 沸水中，充分搅拌，待食盐不再溶解时，用多层纱布或脱脂棉过滤，晾凉备用。

（2）粪检操作过程

弗勒朋氏法　取被检新鲜粪便 5 ~ 10 g 于研钵中研细，放入 200 mL 的烧杯内，加入少量饱和盐水，搅拌均匀。再加入 10 ~ 20 倍饱和盐水搅拌均匀，用 60 目滤网滤入另一烧杯中，静置 15 ~ 30 min。用铁环小心地蘸取滤液表面的液膜，抖落在载玻片上镜检。

达尔林氏法　取被检新鲜粪便 2 ~ 5 g，放入烧杯内加入 5 倍清水搅拌均匀，用滤网滤入另一烧杯内。再吸取滤液加入离心管中以 1 000 r/min 离心 1 ~ 2 min，倾去上清液。然后在沉渣中加入饱和盐水,混合均匀后以 2 000 r/min 离心 1 ~ 2 min。用铁环蘸取表面液膜,抖落在载玻片上镜检。

4. 作业

每人写一份实习报告。

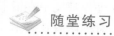
随堂练习

1. 绦虫病的症状有哪些?
2. 怎样诊断绦虫病?
3. 王民家饲养的羊群中,近来发现部分羊食欲减退,饮欲增加,常有腹痛,逐渐消瘦,结膜苍白。检查羊舍粪便时,发现粪中有白色扁平带状物。王民请你帮助诊断他家的羊得的是什么病,并请你制订一套防治方案。

任务 2.6　棘 球 蚴 病

任务目标

知识目标:掌握棘球蚴病的病原特征、生活史与流行特点、致病作用与症状、诊断和防治知识。

技能目标:学会根据资料正确诊断棘球蚴病,制订合理的防治措施。

知识学习

一、概述

棘球蚴病又称"包虫病",是人畜共患的慢性寄生虫病,由细粒棘球绦虫的棘球蚴寄生在牛羊的脏器内引起的寄生虫病,以咳嗽、肝区疼痛、衰弱、消瘦、瘤胃持续性臌气为特征。

二、病原特征

棘球蚴虫体为球形包囊,内含大量液体,一般直径 5 ~ 10 cm,大的直径可达 50 cm,囊液达 10 L 之多。囊液内有许多从囊壁上脱落的原头蚴(图 2—6),肉眼看去像沙粒,称棘球沙。

三、生活史与流行特点

(一)生活史

棘球蚴的终末宿主为食肉动物或人,中间宿主为牛羊。棘球蚴的成虫为细粒棘球绦虫,寄生在食肉动物的小肠内,孕节或卵随粪便

图 2-6　牛、羊棘球蚴病
原头蚴头节

排出,污染饲料、饮水和草场。牛羊吞食后,六钩蚴在其消化道内孵出,通过肠壁进入血液,随血液循环到达肝、肺,发育成棘球蚴,在牛羊体内能存留数年。终末宿主食入含棘球蚴的肝、肺,在小肠中发育成成虫。

（二）流行特点

棘球蚴病以绵羊感染率最高,牛也易感,也可感染人。细粒棘球绦虫的卵在外界环境中存活期很长,0 ℃能存活 116 d,50 ℃则 1 h 死亡。孕节能够蠕动,可以爬到草茎上。有的附着在终末宿主肛门周围,使终末宿主瘙痒不安,到处散播虫卵,使污染范围扩大。

四、致病作用与症状

（一）致病作用

棘球蚴的致病作用有两个方面:一方面因虫体很大,压迫器官,造成器官萎缩,机能障碍;另一方面是毒素危害,可引起宿主过敏性呼吸困难,体温升高,腹泻。

（二）症状

（1）若棘球蚴寄生在肺,病畜长期呼吸困难,咳嗽。绵羊严重感染时,咳嗽时倒地,不能立即起立。

（2）若虫体寄生在肝,肝浊音区扩大,疼痛,慢性臌气,消瘦无力。

五、诊断

因棘球蚴病的临床症状不典型,常用变态反应确诊。

六、防治措施

（一）预防

（1）不要让犬吃带有棘球蚴的生肉,减少犬感染细粒棘球绦虫的机会,控制传染源。

（2）给犬定期驱除绦虫,用氯硝柳胺,犬按每千克体重 100 ~ 125 mg 拌到肉馅中内服,每年春、秋各进行一次。驱虫时将犬拴住,驱虫后的犬粪集中做无害化处理。

（3）养犬家庭人员和驱虫人员要注意防护,防止人被感染。

（二）治疗

无有效的药物治疗,诊断为棘球蚴病的牛羊做淘汰处理。确要留用,手术方法摘除包囊,摘除时不要使包囊破裂,以防人被感染。

实验实训与案例分析

一、棘球蚴病变态反应操作训练

1. 目的要求
掌握棘球蚴病变态反应操作技术。

2. 试剂和材料

包囊滤液，羊或牛，生理盐水，100 mL 烧杯，注射器。

3. 方法步骤

（1）取新鲜棘球蚴包囊液，无菌过滤，使滤液不含原头蚴。为了防止当时找不到棘球蚴包囊液，可将平时收集的包囊滤液加 0.5% 氯仿溶液密封保存于冷暗处备用。

（2）在 100 mL 烧杯中加入 8～10 mL 包囊滤液，用注射器从中抽取，在牛或羊颈部皮内注射包囊滤液 0.1～0.2 mL。另取一注射器，在距离注射部位 20 cm 处皮内注射生理盐水做对照。

（3）注射后 5～10 min 观察注射部位皮肤，如出现红斑，直径在 0.5～2 cm，同时有肿胀或水肿，判为阳性。

4. 作业

每人写一份实习报告。

二、案例分析

红石山羊场送来已死绵羊 1 只，请求孙老师帮助诊断是什么疾病，并给制订一套防治方案。据羊场来人介绍，红石山羊场近两年经常发生一种病，病羊表现呼吸困难，咳嗽。有的病羊瘤胃慢性臌气，消瘦无力。死后打开胸腹腔，有大小不等的水疱，小的如乒乓球大，大的如排球大。羊场养牧羊犬 5 只，跟随羊群放牧。孙老师叫来张辉实习小组，大家穿上防护服，戴上帽子、护目镜和手套，对死羊进行剖检。打开胸腹腔后，发现腹腔肝上有一个篮球大的水疱。小心地将水疱摘除，在实验室取出疱中液体，无菌过滤，将滤液装入瓶中。此后孙老师带领张辉实习小组，带着滤液到红石山羊场，对其他病羊做变态反应试验。在病羊颈侧皮内注射滤液 0.1 mL。同时在原注射部位 20 cm 处皮内注射生理盐水 0.1 mL 做对照。注射后 10 min 观察注射部位皮肤，发现注射滤液处有直径 2 cm 的红斑并肿胀，生理盐水对照处无反应。按判定标准判定为阳性。根据变态反应结果，红石山羊场的病羊被确诊为棘球蚴病。此病无药物治疗。经大家讨论制订如下预防方案：

（1）防止牧羊犬吃生肉，控制传染源。

（2）给牧羊犬每年春、秋各驱绦虫 1 次，用氯硝柳胺每千克体重 100～125 mg 拌到肉馅中内服。驱虫时将犬拴住，驱虫后将犬粪集中做无害化处理。

（3）可对所有羊只进行 1 次变态反应检验，判定为阳性的应全部淘汰。

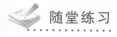

随堂练习

1. 棘球蚴的虫体特征是什么？
2. 怎样预防棘球蚴病？

任务 2.7　脑多头蚴病

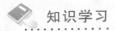 任务目标

知识目标：掌握脑多头蚴病的病原特征、生活史与流行特点、致病作用与症状、诊断和防治知识。

技能目标：学会根据资料正确诊断脑多头蚴病，制订合理的防治措施。

知识学习

一、概述

脑多头蚴病是由多头绦虫的幼虫寄生在牛羊的脑部引起的一种寄生虫病，以强迫运动——转圈或前冲、后退为特征。

二、病原特征

脑多头蚴的虫体为球形包囊，囊内充满液体，由黄豆大到鸡蛋大，囊液内有许多原头蚴。

三、生活史与流行特点

（一）生活史

多头绦虫的终末宿主为犬等食肉动物，人也会偶尔感染，中间宿主为牛羊。成虫寄生在终末宿主的小肠内，孕节片随粪便排到外界，污染饲草和饮水，被中间宿主食入，在其消化道逸出六钩蚴。六钩蚴穿过肠壁，进入血液，随血液循环到脑，发育成多头蚴，到达其他组织的六钩蚴不能发育而迅速死亡。终末宿主吃了含多头蚴的脑组织，在其消化道发育成成虫。

（二）流行特点

在牧区或农区牛羊与犬经常接触，给脑多头蚴病的流行创造了条件。犬吃了含多头蚴的牛羊脑而被感染。被感染的犬又不断向外界排放孕卵节片，污染环境，这就构成了脑多头蚴病的流行链。因此脑多头蚴病在一年四季均可发生。

四、致病作用与症状

（一）致病作用

（1）感染初期，因虫体在脑膜与脑间移行，引起脑炎和脑膜炎。

（2）虫体发育成熟后，压迫脑和脑膜，引起脑贫血、脑萎缩、眼底充血、半身不遂、视神经营养不良、运动机能障碍而出现强迫运动。

（二）症状

（1）前期表现体温升高，心跳和呼吸加快，强烈兴奋。病畜做回旋或前冲、后退运动。

（2）后期由于多头蚴的寄生部位不同，症状也有所不同。其典型症状为"转圈运动"，或前

冲、后退,或头偏向一侧,或头向上仰。如多头蚴寄生在小脑,则平衡失调,运步异常,易跌倒,对声音敏感,很小的声音就会引起病畜强烈不安,向声源相反的方向逃避。病畜转圈运动的方向与虫体寄生的部位相反。

五、诊断

(1) 根据典型的临床症状可以确诊。

(2) 必要时可用变态反应试验诊断。脑多头蚴病的变态反应试验与棘球蚴病一样,只是包囊滤液的注射部位不同,脑多头蚴病是将包囊滤液注射到上眼睑皮内,1 h 后眼睑肿胀(1.75 ~ 4.2 cm),持续 6 h。

六、防治措施

(一) 预防

(1) 加强对犬的管理,不让犬吃到带多头蚴的牛羊脑和脊髓。

(2) 病牛羊的脑和脊髓不能食用,要及时焚烧。

(3) 对患多头绦虫病的犬要进行驱虫治疗,驱虫方法与棘球蚴病相同,驱虫时将犬拴好,粪便集中做无害化处理。

(二) 治疗

本病的治疗主要采取手术摘除,在确定寄生部位后,做开颅手术,小心摘除包囊。

实验实训与案例分析

案例分析

阳光羊场带来山羊一只,请孙老师诊断是什么病,并给制订一套防治方案。据羊场来人介绍,阳光羊场近两年来时而有羊发生这种疾病,病羊表现前期发烧,体温在 40.5 ℃ 以上,强烈兴奋。后期做转圈运动,有的病羊直向前冲,有的病羊直向后退,有的病羊头歪向一侧。羊场有牧羊犬 5 只,随羊群放牧。以前发现这种病羊,都是屠杀吃肉,羊头羊脑喂牧羊犬。孙老师叫来张辉实习小组,他们穿上防护服,戴上口罩和手套后,对病羊进行观察。只见病羊一直不停地向左侧转圈。孙老师看后告诉大家,根据畜主介绍以往羊场病羊的表现和现在看到的症状,这只羊应该是患有脑多头蚴病。经过讨论,大家给阳光羊场制订如下防治方案:

(1) 不给牧羊犬吃生羊脑。

(2) 牧羊犬每年春、秋各进行驱绦虫 1 次,用氯硝柳胺每千克体 100 ~ 125 mg 拌在肉馅中内服。驱虫时把牧羊犬拴好,粪便集中做无害化处理。

(3) 对病羊淘汰处理。必须留下的如种羊做开颅手术,摘除包囊。

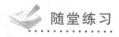 随堂练习

1. 脑多头蚴病的临床症状有哪些?

2. 怎样防治脑多头蚴病?

任务 2.8　犊新蛔虫病

任务目标

知识目标：掌握犊新蛔虫病的病原特征、生活史与流行特点、致病作用与症状、诊断和防治知识。

技能目标：学会根据资料正确诊断犊新蛔虫病，制订合理的防治措施。

知识学习

一、概述

犊新蛔虫病是由牛新蛔虫寄生于犊牛的小肠引起的一种寄生虫病，以肠炎、腹泻、腹部膨大和腹痛为特征。

二、病原特征

牛新蛔虫的虫体粗大，呈圆柱形，两端较细，中部较粗，淡黄色，头端有三个"品"字形唇片。雄虫长 11 ~ 26 cm，尾端向腹面弯曲。雌虫长 14 ~ 30 cm，尾端平直。虫卵近似圆形，壳厚，表面呈蜂窝状（图 2-7）。

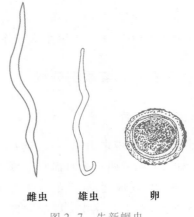

雌虫　　雄虫　　　卵

图 2-7　牛新蛔虫

三、生活史与流行特点

（一）生活史

雌虫在犊牛的小肠内产卵，卵随粪便排出，在外界环境中发育成侵袭性幼虫卵。牛食入侵袭性幼虫卵后，幼虫在小肠逸出，穿过肠壁进入血液，随血液循环移行到肝、肺、肾等器官暂时存留。母牛怀孕 8.5 个月时，幼虫移行至子宫，进入羊膜液，胎牛吞入，在小肠发育为成虫。犊牛出生时，虫体已发育成熟。

（二）流行特点

犊新蛔虫病主要发生于 5 个月以内的犊牛，犊牛为终末宿主，成牛为中间宿主。干燥和高温能使虫卵很快死亡。在阳光照射下，虫卵 4 h 全部死亡。犊新蛔虫对消毒药抵抗力较强，在 2% 福尔马林溶液中能正常发育。

四、致病作用与症状

（一）致病作用

虫体损伤肠黏膜，引起肠炎、血便。虫体过多时，阻塞肠腔，引起肠梗阻、肠穿孔。

（二）症状

（1）食欲不振、腹泻、便血、粪便恶臭，为本病的主要症状。

（2）病畜还表现腹胀、腹痛不安、消瘦、衰弱、站立不稳等。

五、诊断

（1）根据临床症状可做出初步诊断。

（2）粪便检查发现虫卵可确诊。可采用粪便直接涂片法或饱和盐水漂浮法检查虫卵。

六、防治措施

（一）预防

（1）加强饲养管理，不让母牛舔食犊牛粪便，对犊牛的粪便应及时清扫并做无害化处理，防止粪便污染环境。

（2）预防性驱虫　犊牛出生后两周内进行一次预防性驱虫，一月后再驱虫一次。用左旋咪唑、苯硫咪唑和哌嗪化合物驱虫。左旋咪唑每千克体重用 8 mg，内服；苯硫咪唑每千克体重用 5 mg，内服；哌嗪化合物每千克体重用 0.2 g，内服。或阿维菌素、伊维菌素内服，具体服用方法见药品说明书。

（二）治疗

治疗采取驱虫、消炎、止泻，调节肠胃功能，吸附毒素等方法。

（1）驱虫　用左旋咪唑、苯硫咪唑和哌嗪化合物，其剂量和用法同预防性驱虫。

（2）消炎、止泻、调节肠胃功能　用痢特灵（呋喃唑酮）2 片、氟哌酸 6 粒[①]、酵母片 20 片、陈皮酊 10 mL、硅碳银 10 片、次苍 2 片内服，每天 2 次，连服 3 d。

实验实训与案例分析

粪便直接涂片法操作训练

1. 目的要求

掌握粪便直接涂片法的操作程序和操作技术。

2. 设备、试剂和材料

新鲜牛羊粪便，研钵，载玻片，盖玻片，50% 甘油水溶液，镊子，显微镜。

3. 方法步骤

教师示范操作；学生分组操作，每两人为一组。取洁净载玻片一片，滴加

粪便直接涂片法
操作演示

1～2 滴 50% 甘油水溶液，用镊子或竹签挑取少许研细的粪便，放入载玻片上与甘油混合均匀，然

[①]　氟哌酸一般指诺氟沙星，根据农业部公告第 2292 号，诺氟沙星原料药的各种盐、酯及其各种制剂，禁止用于食品动物，在治疗牛羊病时应特别注意。

后涂成薄膜,盖上盖玻片镜检。此法简单易行,在寄生虫严重感染时,可查到各种虫卵和幼虫。

4. 作业

每人写一份实习报告。

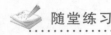 随堂练习

1. 试述牛新蛔虫的生活史。

2. 犊新蛔虫病的临床症状有哪些?

3. 怎样防治犊新蛔虫病?

4. 陈宝山养牛场近两年在犊牛中连续发生一种病,犊牛发病后腹泻、腹胀、腹痛不安,食欲不振,粪便灰白色,恶臭。本村兽医诊断为肠炎,用抗生素治疗无效。请你判断陈宝山养牛场的犊牛得的是什么病,并制订一套防治方案。

任务2.9　血矛线虫病

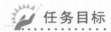 任务目标

知识目标:掌握血矛线虫病的病原特征、生活史与流行特点、致病作用与症状、诊断和防治知识。

技能目标:学会根据资料正确诊断血矛线虫病,制订合理的防治措施。

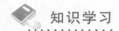 知识学习

一、概述

血矛线虫属的寄生虫有许多种,以捻转血矛线虫的致病力最强。本节主要以捻转血矛线虫为例,叙述血矛线虫的危害和防治措施。

血矛线虫病是由捻转血矛线虫寄生在牛羊的第四胃引起的寄生虫病,故又称"捻转胃虫病"。急性型以羔羊突然死亡为特征,亚急性型以贫血、下颌间水肿、消瘦和下痢为特征。

二、病原特征

捻转血矛线虫的虫体呈毛发状,因吸血的缘故,虫体呈淡红色,表皮上有横纹和纵脊;头端尖细,口囊小;雄虫长 15 ~ 19 mm,雌虫长 27 ~ 30 mm,外观红白线条相间,故称捻转血矛线虫(图 2-8)。卵壳薄,表面光滑,稍带黄色。

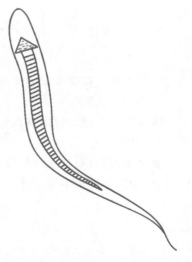

图 2-8　捻转血矛线虫

三、生活史与流行特点

（一）生活史

虫卵随粪便排出，在外界环境中发育成感染性幼虫。感染性幼虫被牛羊吞食后，在瘤胃内脱鞘，到真胃后钻入黏膜上皮，在此发育成第四期幼虫，然后返回胃黏膜表面，吸附在胃黏膜上。先后经过 5 次蜕皮，最后发育成成虫。成虫游离在胃腔内。

（二）流行特点

幼虫隐蔽在牛羊粪便和土壤中，环境条件适宜时，从粪或土壤中爬到牧草上。环境条件不好时又返回到粪便和土壤中隐蔽起来。本病通过牧草传播。温暖潮湿季节传播最快，以春季和 8 月份发病率最高。

四、致病作用与症状

（一）致病作用

主要致病作用是虫体吸血，引起贫血。2 000 条虫体每天可吸血 30 mL。由于虫体损伤胃黏膜，虫体离开吸血部位后还引起出血。其次是引发真胃黏膜发炎。

（二）症状

（1）急性型　羔羊突然死亡，死羊结膜苍白，高度贫血。
（2）亚急性型　病畜贫血，结膜苍白，腹下和下颌间水肿。
（3）慢性型　渐进性消瘦，下痢与便秘交替发生，最后卧地不起，衰竭死亡。

五、诊断

（1）根据当地本病的流行情况和临床症状可做出初步诊断。
（2）粪便检查　用饱和盐水漂浮法发现虫卵即可确诊。

六、防治措施

（一）预防

（1）预防性驱虫，每年春、秋季各进行一次，在放牧前和放牧后进行驱虫。在严重流行地区，可在放牧期间将吩噻嗪混于饲料或食盐中饲喂，持续 2~3 个月，每只羊每天 0.5~1.0 g，预防效果良好。
（2）搞好环境卫生，及时清扫粪便，集中做无害化处理。
（3）避免在低湿地带放牧，不要在清晨、傍晚或雨后放牧，尽量避开幼虫活动时间，以减少感染机会。让羊饮清洁井水，禁止饮低洼地积水。

（二）治疗

（1）肌内注射阿维菌素或伊维菌素，牛羊每 50 kg 体重用 1 mL，或口服阿维菌素、伊维菌素。
（2）内服左旋咪唑、敌百虫或苯硫咪唑。服用量为：左旋咪唑牛、羊每千克体重用 8 mg；敌百虫牛每千克体重用 0.04~0.08 g，绵羊每千克体重用 0.07~0.1 g，山羊每千克体重用 0.05~0.07 g；苯硫咪唑牛、羊每千克体重用 5 mg。

实验实训与案例分析

案例分析

近三年来,草原牧场每到春、秋季节羊群都出现羔羊突然死亡,死后结膜苍白,高度贫血。病程长的贫血渐进性消瘦,颌下和腹下水肿,最后卧地不起。羊场请孙老师帮助诊断是什么病,并给制订一套防治方案。孙老师带领张辉实习小组来到草原牧场,穿好防护服,戴上口罩和手套,首先听取羊场放牧员介绍了以往病羊的表现,然后进行临床检查。经检查,病羊临床症状与上述放牧员介绍的症状一致,然后采集新鲜粪便,带回学校做实验室检查。回学校后用饱和盐水漂浮法进行粪检,发现血矛线虫虫卵。草原牧场的病羊被确诊为血矛线虫病。经大家讨论后制订如下治疗方案:

(1)病羊用伊维菌素肌内注射,每 50 kg 体重用 1 mL。

(2)内服左旋咪唑,每千克体重用 8 mg,每天 1 次,连服 3 d。

同时,提出以下预防方案:

(1)预防性驱虫,每年春、秋各驱虫一次。用伊维菌素肌内注射,每 50 kg 体重 1 mL。

(2)酚噻嗪粉按每只羊每天 1 g 混于饲料中饲喂,连续 3 个月。

(3)搞好环境卫生,每天清扫粪便集中做无害化处理。

(4)避免在低湿地带放牧,不在早、晚或雨后放牧,给羊饮用清洁井水,禁止饮低洼地积水。

一周后回访,病羊全部康复。

 随堂练习

1.试述捻转血矛线虫的生活史。

2.捻转血矛线虫病有哪些临床症状?

3.怎样防治捻转血矛线虫病?

任务 2.10　食管口线虫病

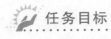 **任务目标**

知识目标:掌握食管口线虫病的病原特征、生活史与流行特点、致病作用与症状、诊断和防治知识。

技能目标:学会根据资料正确诊断食管口线虫病,制订合理的防治措施。

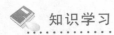 **知识学习**

一、概述

食管口线虫病是由食管口线虫属的几种线虫寄生于牛羊的肠壁与肠腔内引起的寄生虫病,

以引起肠壁的结节病变、溃疡性化脓性结肠炎和持续性腹泻为特征。

二、病原特征

食管口线虫是一类小型线虫,雄虫长 12～18 mm,雌虫长 16～20 mm,为小圆柱体。口囊呈小而浅的圆筒形,其外周为一显著的口领。口缘有叶冠、颈沟,颈沟前部表皮形成膨大的头囊。雄虫的交合伞发达,有一对等长的交合刺(图 2-9)。雌虫排卵器发达,呈肾形。卵呈椭圆形。

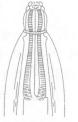

成虫前部腹面　　交合伞腹面

图 2-9　食管口线虫(雄虫)

三、生活史与流行特点

(一)生活史

成虫在牛羊的结肠产卵,卵随粪便排出体外,在外界环境中发育成侵袭性幼虫,污染饲料和饮水。牛羊食入带侵袭性幼虫的饲料和水,幼虫在消化道中脱鞘,钻入结肠黏膜深处发育成包囊,包囊外形成白色颗粒状结节,然后自结节中返回肠腔,发育为成虫。

(二)流行特点

幼虫对高温、低温和干燥敏感。在 0 ℃ 以下和 35 ℃ 以上,相对湿度 45% 以下很快死亡。春、秋季节发病率最高,夏、冬季节发病率低。以羔羊和犊牛的感染率高。

四、致病作用与症状

(一)致病作用

(1)主要侵害结肠壁,幼虫在结肠壁中形成结节,破坏结肠壁,使肠管不能作为制肠衣的原料。

(2)引起溃疡性、化脓性结肠炎,坏死性腹膜炎。毒素可引起贫血。

(二)症状

(1)持续性腹泻,粪呈暗绿色,带黏液,有时带血。

(2)慢性病例,腹泻与便秘交替发生,进行性消瘦。有的病例颌下水肿,最后衰竭死亡。

五、诊断

(1)根据临床症状和流行特点可做出初步诊断。

(2)实验室诊断　用幼虫培养法,将幼虫培养成第三期幼虫,根据幼虫的特征可确诊。

(3)剖检时发现了结肠壁的幼虫结节,也可以确诊。

六、防治措施

(一)预防

(1)搞好环境卫生　及时清扫粪便,进行无害化处理。

(2)预防性驱虫　每年初春与早秋各进行一次。可用酚噻嗪混入饲料中喂给,成羊 1 g/d,

羔羊和犊牛 0.5 g/d。

（二）治疗

（1）内服驱虫药　用吩噻嗪、敌百虫、左旋咪唑、苯硫咪唑、阿维菌素、伊维菌素等驱虫。服用剂量为：吩噻嗪牛每千克体重用 0.2～0.4 g，羊每千克体重用 0.5～1 g；敌百虫牛每千克体重用 0.04～0.08 g，绵羊每千克体重用 0.07～0.1 g，山羊每千克体重用 0.05～0.07 g；左旋咪唑牛、羊每千克体重用 8 mg；苯硫咪唑牛、羊每千克体重用 5 mg。阿维菌素和伊维菌素按产品说明书剂量使用。

（2）抗菌消炎　用痢菌净、磺胺脒等。

（3）调节胃肠功能　用健胃药、助消化药等。

（4）保护肠黏膜，吸附毒素　用次苍、硅碳银等。

实验实训与案例分析

粪便幼虫培养法操作训练

1. 目的要求

掌握粪便幼虫培养法的操作程序和操作技术。

2. 设备、试剂和材料

新鲜牛羊粪便，研钵，培养皿，滤纸，培养箱，吸管，生理盐水，载玻片，盖玻片，酒精灯，显微镜。

粪便幼虫培养法
操作演示

3. 方法步骤

教师示范操作；学生分组操作，每两人一组。

取被检粪便（如为羊粪球需捣碎，粪便太干，则加少量清水），做成半球形，放入铺有滤纸的培养皿中，盖上盖，使盖接触粪便，置 24～30 ℃ 培养箱中培养。每日检查粪便，如粪便变干，滴加少量清水，保持粪便湿润。经一周时间，卵孵化出幼虫。待幼虫蜕变为第三期幼虫时，用吸管吸取生理盐水，将幼虫从培养皿内盖壁上冲洗下来。用吸管将幼虫吸出放在载玻片上，盖上盖玻片。用拇指和食指夹持载玻片，在酒精灯火焰上通过 2～3 次，使幼虫死亡。放在显微镜下，用低倍镜镜检。

4. 作业

每人写一份实习报告。

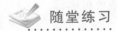　随堂练习

1. 试述食管口线虫的生活史。

2. 怎样防治食管口线虫病？

3. 大洋养羊场的羊群中，2000 年发生一种病，病羊主要表现为持续性腹泻，粪便暗绿色，带有黏液和血，进行性消瘦，最后衰竭死亡。剖检结肠有大量白色结节，结肠溃疡性化脓性炎症。你怎样诊断该病？并制订一套防治方案。

任务 2.11　肺线虫病

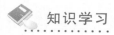

任务目标

　　知识目标：掌握肺线虫病的病原特征、生活史与流行特点、致病作用与症状、诊断和防治知识。

　　技能目标：学会根据资料正确诊断肺线虫病，制订合理的防治措施。

知识学习

一、概述

　　肺线虫病是由肺线虫属的网尾线虫寄生于牛羊的呼吸道和肺引起的寄生虫病，以咳嗽、流黏液脓性鼻液、消瘦为特征。

二、病原特征

　　虫体呈丝状，乳白色或黄白色，雄虫有一对等长的靴状交合刺。卵呈椭圆形，壳薄，无色透明或淡黄白色，内含一个蜷曲的幼虫（图 2-10）。

三、生活史与流行特点

（一）生活史

　　雌虫在气管内产卵，卵随黏液咳到口腔，再被咽下，在消化道孵出幼虫，随粪便排出体外，在外界环境中发育成侵袭性幼虫，污染饲料和饮水。当牛羊食入

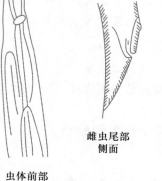

雌虫尾部
侧面

虫体前部　　　　　　　　卵

图 2-10　肺线虫

后，幼虫在其消化道进入淋巴结，随淋巴和血液循环到肺，在肺内发育成成虫。虫体寄生在支气管和细支气管内。

（二）流行特点

　　幼虫耐低温，−40 ～ −20 ℃ 低温下不死亡，但对高温敏感，21 ℃ 以上，幼虫的活力受到影响，冬春季节容易流行，成年羊比幼羊的发病率高。

四、致病作用与症状

（一）致病作用

　　（1）幼虫与黏液混合，引起支气管堵塞，呼吸障碍。

　　（2）继发支气管肺炎与肺气肿。

（二）症状

（1）咳嗽、呼吸急促为本病的主要症状。体温正常。

（2）鼻孔周围沾满黏液，干后形成痂块，堵塞鼻孔。

（3）贫血消瘦，结膜苍白，严重时头、胸下和四肢水肿。

五、诊断

（1）根据临床症状和流行特点，可做出初步诊断。

（2）实验室诊断　用贝尔曼法在粪便中查出幼虫，可确诊。

（3）剖检在气管和支气管内发现虫体、虫卵，有支气管炎症，并有出血点，有不同程度的局限性肺气肿，可以确诊。

六、防治措施

（一）预防

（1）加强饲养管理　不在低洼潮湿的草地放牧，或把羔羊和成年羊分群放牧。注意饲草和饮水卫生。对粪便要及时清理，做无害化处理。

（2）预防性驱虫　春季放牧前和秋后转入舍饲后各驱虫一次。用吩噻嗪，按牛每千克体重 200 ~ 400 mg，羊每千克体重 500 ~ 1 000 mg 内服。

（3）免疫　口服用 X 射线或钴 60-γ 射线照射致弱的侵袭性幼虫，可以获得免疫。

（二）治疗

（1）同食管口线虫病。

（2）用驱虫精溶液涂耳，可获得良好的疗效。

实验实训与案例分析

贝尔曼法幼虫检查操作训练

1. 目的要求

掌握贝尔曼法的操作程序和操作技术。

2. 设备、试剂和材料

乳胶管 20 cm，直径 10 ~ 15 cm 玻璃漏斗，小试管，铁三脚架，滤网，酒精灯，500 mL 烧杯，玻璃水槽，载玻片，盖玻片，显微镜，新鲜牛羊粪便。

3. 方法步骤

教师示范操作；学生分组操作，每两人一组。

（1）设备安装　将胶管一端连接在漏斗上，另一端接在小试管上。把漏斗放在铁三脚架上。漏斗中放置滤网（图2-11）。

（2）实习操作　取被检粪便 10 ~ 20 g，放在滤网上。加 35 ~ 40 ℃ 温水至淹没粪便为止。静置 1 h 左右，幼虫因温度适宜从粪便中钻出，沉入小试管底部。把漏斗和胶管中的液体放入玻璃

贝尔曼法幼虫检查
操作演示

水槽中,将小试管取下。将小试管中的上清液倾出。最后把试管底部的沉淀物涂在载玻片上,盖上盖玻片,镜检。

4. 作业

每人写一份实习报告。

 **随堂练习**

1. 试述肺线虫的生活史。

2. 肺线虫病的症状有哪些?

3. 怎样防治肺线虫病?

4. 对某地区进行疫情普查时,发现山河养羊场的羊群在放牧时不断咳嗽,两鼻孔周围沾满污物,呼吸急促。经检查体温正常,羊只消瘦,贫血,结膜苍白。请你诊断该羊群得的是什么病,并制订一套防治方案。

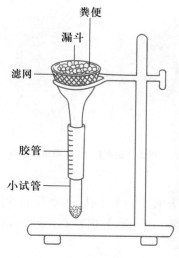

图 2-11　贝尔曼法装置

任务 2.12　螨　病

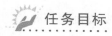 **任务目标**

知识目标:掌握螨病的病原特征、生活史与流行特点、致病作用与症状、诊断和防治知识。

技能目标:学会根据资料正确诊断螨病,制订合理的防治措施。

 **知识学习**

一、概述

螨病又叫疥癣,是由疥螨和痒螨寄生于牛羊的皮肤内和皮肤表面引起的体外寄生虫病,以剧痒、皮肤结痂和脱毛为特征。

二、病原特征

疥螨呈龟形,淡黄色,背面粗糙隆起,腹面平滑;有四对足;卵呈椭圆形(图 2-12)。痒螨呈长椭圆形,背面有细皱纹,腹面平滑;有四对足(图 2-13);卵也呈椭圆形。

三、生活史与流行特点

(一)生活史

1. 疥螨的生活史

疥螨的发育过程包括卵、幼虫、若虫和成虫四个阶段。成虫在皮肤内挖掘隧道,每隔一段向

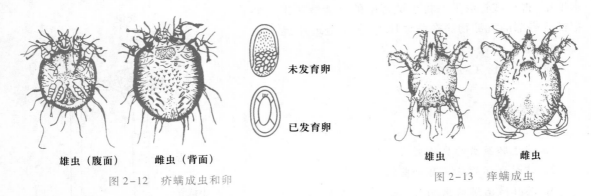

雄虫（腹面）　　　雌虫（背面）　　　　　未发育卵　　已发育卵　　　　　　雄虫　　　　　雌虫

图 2-12　疥螨成虫和卵　　　　　　　　　　　　图 2-13　痒螨成虫

皮肤表面开一个小孔,供通气和幼虫出入。雌虫在隧道内产卵,卵在隧道内孵化出幼虫。幼虫爬出皮肤,在皮肤上挖穴孔,并在穴孔内蜕化为若虫。若虫钻入皮肤,挖掘穴道,在穴道内蜕变为成虫。

　　2. 痒螨的生活史

　　痒螨不挖掘隧道,寄生在皮肤表面。发育的全过程同疥螨一样分四个阶段,全部在体表完成。

　　（二）流行特点

　　传染源为病畜,通过直接接触和间接接触传播。

　　以冬季、春初和秋末的寒冷季节传播最快。对绵羊的危害最严重,常因继发败血症而死亡。羔羊较成年羊易感。

　　四、致病作用与症状

　　（一）致病作用

　　螨主要损伤皮肤,引起剧痒和脱毛。

　　（二）症状

　　（1）剧痒,病畜不断在物体上摩擦,引起患部脱毛和皮肤损伤。

　　（2）发病先从口唇部开始,蔓延至整个头颈部至全身。初期发痒,接着出现丘疹、水疱和脓痂,最后痂皮干裂,呈白石灰状。

　　（3）病畜食欲减退,消瘦,衰弱死亡。

　　五、诊断

　　（1）根据临床症状和流行特点可做出初步诊断。

　　（2）实验室诊断　刮取皮屑,用直接观察法和显微镜检查法,发现虫体即可确诊。

　　六、防治措施

　　（一）预防

　　（1）加强饲养管理,畜群饲养密度不要过大,保持畜舍通风透光、干燥和畜舍卫生。对饲养管理用具定期消毒。

（2）定期药浴　绵羊剪毛后进行药浴，每次剪毛进行2次药浴，间隔7～10 d。最常用的是水泥池内药浴，先将水泥池灌上水，水深以淹没羊背为准，把林丹配成0.025%～0.03%浓度。把羊从水泥池的一端赶入药浴池，羊从药浴池另一端出来即可。

（3）引进种牛羊时，要先认真检查有无螨病，引进后隔离观察一段时间，确认无螨病后方可合群饲养。

（二）治疗

（1）肌内注射阿维菌素或伊维菌素，牛羊每50 kg体重用1 mL。

（2）二甲脒10 mL，加水2 500 mL混溶后涂擦患部。

实验实训与案例分析

一、螨的实验室检查技术操作训练

1. 目的要求

让学生掌握螨的实验室检查技术。

2. 设备、试剂和材料

患病动物，培养皿（或黑纸），竹签，载玻片，盖玻片，显微镜。

3. 方法步骤

（1）刮取皮屑　刮取患部边缘皮屑，刮取时要刮至轻微出血为止，备检。

（2）直接观察　将备好的皮屑放于培养皿中或黑纸上，在培养皿或黑纸下加温至40～50 ℃，经30～45 min，用竹签拨去皮屑，肉眼观察可见白色虫体在黑纸上或培养皿中移动（如用培养皿，需加黑色背景观察）。

（3）显微镜检查　将皮屑放在载玻片上，滴加50%甘油（或10%氢氧化钠溶液、石蜡油、煤油）；再盖上一个载玻片，轻轻搓压载玻片，使皮屑散开。移开载玻片，置显微镜下用低倍镜检查，可发现虫体。

4. 作业

每人写一份实际报告。

二、案例分析

平原肉牛场的肉牛发生了皮肤病，场长请孙老师帮助诊断并给制订一个防治方案。孙老师带领张辉实习小组来到平原肉牛场，穿好防护服、戴上口罩和手套后，进行临床检查。经临床检查，病牛头部、颈部有成片的白色石灰状痂皮，患部剧痒，病牛不停地在木桩上摩擦。孙老师怀疑是螨病，需采集病料带回学校做实验室检查。

张辉实习小组用刀片在患部边缘刮取皮屑，刮取时直至轻微出血为止，刮取的皮屑带回学校。

实验室采用显微镜进行观察。将皮屑放在载玻片上，滴加50%甘油，盖上盖玻片，轻轻搓压盖玻片，使皮屑散开。将载玻片置显微镜下观察，发现了多个蜘蛛状虫体。根据临床症状和实验

室检查结果,平原肉牛场的牛被确诊为螨病。经充分讨论,制订如下治疗方案:

(1) 肌内注射伊维菌素,每 50 kg 体重用 1 mL。每天 1 次,连续 3 d。

(2) 二甲脒 10 mL,加水 2 500 mL,混溶后涂擦患处,每天 1 次,连续 1 周。

同时,提出如下预防方案:

(1) 保持畜舍通风透光、干燥和卫生。对饲养管理用具定期消毒。

(2) 定期药浴。将林丹配成 0.03% 浓度的水溶液,用喷雾器对牛体进行喷洒,将牛体全部喷湿即可。

(3) 引进种牛时,要仔细检查,确保无螨病。

一周后回访,病牛基本康复。

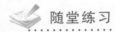

随堂练习

1. 螨病有哪些临床症状?

2. 怎样防治螨病?

任务 2.13 牛皮蝇蛆病

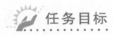

任务目标

知识目标:掌握牛皮蝇蛆病的病原特征、生活史与流行特点、致病作用与症状、诊断和防治知识。

技能目标:学会根据资料正确诊断牛皮蝇蛆病,制订合理的防治措施。

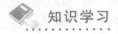

知识学习

一、概述

牛皮蝇蛆病是由牛皮蝇的幼虫寄生于牛背部皮下组织内引起的一种寄生虫病,以皮肤痛痒、患部皮肤隆起和皮肤穿孔形成瘘管为特征。

二、病原特征

牛皮蝇成虫形似蜜蜂,体表密生有色长绒毛;背部前端和后端为淡黄色,中部为黑色;腹部前端为白色,中部为黑色,尾端为橙黄色;卵呈淡黄色,椭圆形,表面有光泽,后端有一长柄附着于牛毛上,每根牛毛只能附着一个卵。

幼虫呈蛆状,身体分 11~12 节。各节间密生小刺,后端有两个黑色圆点状后气孔。第一期幼虫呈黄白色,虫体 12 节。第三期幼虫为成熟幼虫,体粗壮,长 28 mm,分 11 节,呈棕褐色(图 2-14)。

三、生活史与流行特点

（一）生活史

牛皮蝇成蝇野居，自由生活，不叮咬动物，也不采食。夏季白天在牛的四肢上部、腹部、体侧的被毛上产卵。卵在毛上孵化出幼虫，幼虫钻入皮内，向背部移行。在背部发育成第三期幼虫。第三期幼虫从皮肤孔蹦出，落在地下化蛹，蛹羽化为成蝇。整个发育期需一年时间。

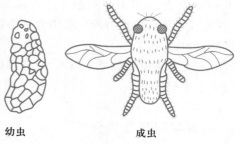

幼虫　　　　　　成虫

图 2-14　牛皮蝇

（二）流行特点

牛皮蝇成蝇多在每年的 6—8 月出现，在此期间感染牛只。由于成蝇的寿命只有 5~6 d，其他季节无牛皮蝇出现，也不感染牛只。

四、致病作用与症状

（一）致病作用

幼虫损伤皮肤，引起痛痒和不安，皮肤感染化脓，形成瘘管，降低皮张价值。毒素引起贫血、消瘦，以及犊牛生长缓慢。

（二）症状

（1）患部皮肤隆起，痛痒不安，皮肤穿孔后感染化脓，形成瘘管，经常流出脓液。

（2）牛皮蝇产卵时，引起牛只惊恐不安，奔跑、蹴踢，影响采食。

（3）由于毒素的危害，引起贫血、消瘦，母牛产乳量下降。

（4）若幼虫移行入脑，会出现神经症状，如运动障碍、麻痹、晕厥。

五、诊断

根据临床症状不难做出诊断。当发现牛背部有隆起并流出脓液时，用手挤压隆起，幼虫即可从皮孔蹦出。

六、防治措施

（一）预防

（1）加强饲养管理　在牛皮蝇活动季节，尽量缩短白天放牧时间，减少牛被侵袭的机会。

（2）防蝇　在牛皮蝇活动季节，用 4%~5% 敌敌畏水溶液喷洒牛体，每 10 d 喷洒一次，杀死成蝇和刚孵出的幼虫。

（二）治疗

（1）倍硫磷臀部肌内注射　成牛 1~1.5 mL/头，犊牛 0.5~1 mL/头。对第一期幼虫杀死率可达 95% 以上。在每年的 11 月份进行。

（2）乐果肌内注射　用乙醇将乐果配成 50% 的浓度，成牛 4~5 mL/头，育成牛 2~3 mL/头，犊牛 1~2 mL/头,在 2 月下旬至 3 月上旬进行。

（3）2% 敌百虫水溶液 在牛背部涂擦 2~3 min,杀虫率可达 90%~95%。在每年的 3—5 月进行,每月一次。

（4）人工灭蛆 如果牛只不多,且感染较轻时,可用戴手套的手将幼虫从皮孔中挤出,挤出后将幼虫处死。

实验实训与案例分析

案例分析

宋庄宋平去年从内蒙古牧区买来奶牛 10 头,今年 2 月发现牛背部有小枣大的隆起,隆起中央有一小孔,经常往外流脓,牛逐渐消瘦。宋平找到孙老师,把病牛表现给孙老师作了介绍,请求孙老师帮助防治。孙老师带领张辉实习小组来到宋平家。穿好防护服,戴上口罩和手套后,大家认真对病牛进行了查看,看到病牛临床症状与宋平介绍的情况一致。大家坐下来对病例进行分析。

经分析病牛的临床症状与所学牛皮蝇蛆病的症状类似,宋平的牛被诊断为牛皮蝇蛆病。根据所学过的牛皮蝇蛆病的知识,制订如下治疗方案:

（1）倍硫磷肌内注射,成牛 1.5 mL/头,犊牛 1mL/头。

（2）人工灭蛆,对牛体检查,发现隆起,用手将幼虫从皮孔中挤出,挤出后将幼虫处死。作业时注意戴上手套。

同时提出预防方案:

（1）在每年 6—8 月成蝇活跃期,用 4% 敌敌畏水溶液喷洒牛体,每 10 d 喷洒 1 次,杀死成蝇和刚孵化出的幼虫。

（2）2% 敌百虫水溶液在牛背部涂擦,每年 3—5 月进行,每月 1 次。

（3）人工灭蛆,每天检查牛体,发现虫体,及时消灭。

一周后回访,病情已明显好转。

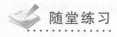
随堂练习

1. 试述牛皮蝇的生活史。
2. 怎样防治牛皮蝇蛆病?

任务 2.14 羊鼻蝇蛆病

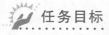
任务目标

知识目标:掌握羊鼻蝇蛆病的病原特征、生活史与流行特点、致病作用与症状、诊断和防治知识。

技能目标:学会根据资料正确诊断羊鼻蝇蛆病,制订合理的防治措施。

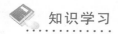

知识学习

一、概述

羊鼻蝇蛆病是羊狂蝇(羊鼻蝇)的幼虫寄生在羊的鼻腔和鼻旁窦引起的一种寄生虫病,以流脓性鼻液、呼吸困难和打喷嚏为特征。

二、病原特征

羊鼻蝇的成虫形似蜜蜂,呈淡灰色,有金属光泽,长10~12 mm。头部较大,呈黄色,无口器;翅透明,体背面有黑色斑点,腹部有银灰色与黑绿色的块状斑点。

成熟的幼虫呈棕褐色,长30 mm,前端有两个强大的黑色口钩;背面光滑拱起,腹面扁平,有多排小刺;虫体分节,各节的前缘有几排小刺,后端平齐,有两个黑色气孔(图2-15)。

幼虫　　　　　成虫

图2-15　羊鼻蝇

三、生活史与流行特点

(一)生活史

成蝇侵袭羊只时在羊的鼻孔产出幼虫。幼虫爬入鼻腔和副鼻窦内,以口钩固着在黏膜上,到次年春天发育成第三期幼虫,幼虫在向鼻孔移行的过程中,引起羊打喷嚏,将幼虫喷出,钻入土壤中化蛹。蛹羽化为蝇。成蝇寿命为2~3周。

(二)流行特点

成蝇野居,5—9月份为最活跃期。在晴朗无风的白天飞出侵袭羊只,阴雨天和夜晚隐蔽于角落里。成蝇直接产生幼虫。

四、致病作用与症状

(一)致病作用

(1)成蝇侵袭羊群产幼虫时,引起羊群骚动不安,奔跑躲避,严重影响羊只正常采食,使羊只消瘦。

(2)幼虫在羊鼻腔存留和移行时,引起鼻黏膜损伤、发炎和出血。

(二)症状

(1)成蝇侵袭羊群时,羊群为了躲避鼻蝇的侵袭,惊慌不安,互相拥挤,摇头、喷鼻或到处躲藏、奔跑。

(2)鼻孔周围有黏液性鼻液,干涸后堵塞鼻孔,引起呼吸困难、打喷嚏、甩鼻子、磨鼻子。

(3)病羊食欲减退,渐进性消瘦,眼睑浮肿,流泪。

(4)如果第一期幼虫钻入颅腔,则引起神经症状,转圈或头偏向一侧,类似多头蚴病的症状。

五、诊断

根据临床症状、流行特点和尸体剖检可确诊。

六、防治措施

(一)预防

(1)灭蝇　在成蝇活跃期用3%~5%敌敌畏水溶液每天晚上对羊舍(棚)及其周围环境进行喷洒,消灭隐藏的成蝇。

(2)防蝇　在成蝇侵袭季节,用1%敌敌畏软膏涂于羊鼻孔周围,每4~5 d一次,防止成蝇侵袭。

(二)治疗

(1)用敌百虫乙醇水溶液肌内注射　精制敌百虫60 g,95%乙醇31 mL,蒸馏水31 mL,混溶。绵羊10~20 kg体重用0.5 mL,20~40 kg体重用1~1.5 mL,40~50 kg体重用2 mL,50 kg以上体重用2.5 mL。

(2)2%敌百虫水溶液内服　绵羊每千克体重用0.12 g。

(3)80%敌敌畏乳剂熏蒸　把羊赶进熏蒸室或熏蒸帐内,用电动喷雾器在室内喷雾。时间不超过1 h。对第一期幼虫杀死率可达93%~95.6%。

羊鼻蝇蛆病的驱虫时间,一般在11月份进行较好。

🦌 实验实训与案例分析

案例分析

阳春三月,鲜花盛开。中山羊场到学校兽医门诊部送来死羊1只,请孙老师诊断是什么病,并给制订一套防治方案。孙老师叫来张辉实习小组。穿上防护服,戴上口罩和手套后,首先听取羊场放牧员介绍羊场发病情况。据放牧员说,中山羊场每年夏季放牧时总有一种像蜜蜂一样的飞虫侵袭羊群。羊怕这种飞虫,吓得东奔西跑,到处躲藏。到春天,羊群中有许多羊只鼻孔中有脓鼻液堵塞鼻孔,羊只呼吸困难,打喷嚏,甩鼻子,磨鼻子,羊只食欲减退,逐渐消瘦,眼睑浮肿、流泪。放牧员介绍后,张辉实习小组在孙老师指导下对羊尸体进行解剖。解剖发现其他系统器官均无明显病变,在鼻腔和副鼻窦中发现大量蝇蛆。根据放牧员介绍的症状和剖检发现大量蝇蛆,中山羊场的病羊被确诊为羊鼻蝇蛆病,并制订治疗方案如下:

用敌百虫乙醇水溶液肌内注射。精制敌百虫60 g,95%乙醇31 mL,蒸馏水31 mL混溶。羊体重10~20 kg用0.5 mL,体重20~40 kg用1.5 mL,体重40~50 kg用2mL,体重50 kg以上用2.5 mL。每天1次,连用3 d。

同时,提出以下预防方案:

(1)灭蝇　每年5—9月,用5%敌敌畏对羊舍及周围环境进行喷洒,消灭隐藏的成蝇。

(2)防蝇　每年5—9月,用1%敌敌畏软膏,涂于羊鼻孔周围,4~5 d 1次,防止成蝇侵袭。

(3)80%敌敌畏乳剂熏蒸　每年11月把羊赶进熏蒸帐内,用电动喷雾器喷雾,时间不超过1 h。对第一期幼虫可达到93%~95.6%的杀死率。只用1次。

3 日后回访,病羊的病情已明显好转。

 随堂练习

1. 试述羊鼻蝇的生活史。
2. 羊鼻蝇蛆病的临床症状有哪些?
3. 怎样防治羊鼻蝇蛆病?

知 识 拓 展

一、阔盘吸虫病

（一）概述

阔盘吸虫病在我国是由三种阔盘吸虫寄生在牛羊的胰,有时也寄生在胆管和十二指肠中而引起的寄生虫病。以下痢、贫血、消瘦和水肿为特征。

阔盘吸虫需两个中间宿主,第一中间宿主为蜗牛。胰阔盘吸虫的第二中间宿主为中华草螽;腔阔盘吸虫的第二中间宿主为红脊草螽;枝睾阔盘吸虫的第二中间宿主为钟蟋。卵从终末宿主排出后,被第一中间宿主食入,在蜗牛体内发育成母孢蚴、子孢蚴。孢蚴从蜗牛体内排出,附在草上形成圆囊,内含尾蚴。孢蚴被第二中间宿主吞食,在第二中间宿主体内发育成囊蚴,牛羊食入含囊蚴的第二中间宿主后,囊蚴在牛羊体内发育为成虫。

（二）病原特征

胰阔盘吸虫体长椭圆形,虫体扁平,较厚。活体呈棕红色,固定后呈白色。幼虫体表有小刺,成虫小刺脱落。有两个吸盘,口吸盘大于腹吸盘。卵椭圆形,呈棕黄色,两侧不对称,有卵盖,内含一个毛蚴。

腔阔盘吸虫呈短椭圆形,后端有尾突。

枝睾阔盘吸虫呈瓜子形,前端尖,后端宽。

（三）症状

主要症状为消化机能障碍,渐进性消瘦,下痢,贫血,颌下和前胸水肿。

（四）防治措施

1. 预防

（1）搞好环境卫生,及时清扫粪便,集中进行生物热处理。

（2）消灭中间宿主,用血防 67 喷洒。

2. 治疗

用血防 846 口服,羊每千克体重用 0.4～0.6 g,牛每千克体重用 0.3 g。隔天一次,连服三次。

二、双腔吸虫病

（一）概述

双腔吸虫病是由矛形双腔吸虫寄生在牛羊的胆管内引起的寄生虫病。以胆管增厚、肝硬化、

黄疸和颌下水肿为特征。

双腔吸虫需要两个中间宿主,第一中间宿主为陆地螺蛳,第二中间宿主为蚂蚁。卵从终末宿主排出后,先被陆地螺蛳吞食,在陆地螺蛳体内发育一段时间后,毛蚴发育成母孢蚴、子孢蚴、尾蚴。尾蚴经陆地螺蛳的呼吸孔排出,被蚂蚁吞食,在蚂蚁体内发育成囊蚴。含囊蚴的蚂蚁随饲草被牛羊吞食,囊蚴在牛羊胆管内发育为成虫。

(二)病原特征

双腔吸虫呈柳叶状,虫体扁平透明,活体呈棕红色,固定后呈灰白色。腹吸盘大于口吸盘。虫体长 5 ~ 15 mm,宽 1.5 ~ 2.5 mm。卵呈暗褐色,呈两侧不对称的椭圆形,壳厚,有卵盖,内有一个毛蚴。

(三)症状

主要症状为渐进性消瘦,黄疸,颌下水肿,腹泻下痢。

(四)防治措施

1. 搞好环境卫生

及时清理粪便,集中进行生物热处理。

2. 消灭中间宿主

用血防 67 或硫酸铜喷洒以灭螺。用敌敌畏喷洒以消灭蚂蚁。

3. 定期驱虫

(1)三氯苯丙酰嗪　羊每千克体重用 40 ~ 60 mg,牛每千克体重用 40 mg,内服。

(2)吡喹酮　牛羊每千克体重用 50 mg,内服。

(3)血防 864　羊每千克体重用 0.04 ~ 0.06 g,牛每千克体重用 0.03 g,内服。隔日 1 次。

三、蜱病

(一)概述

蜱的种类很多,有的不危害动物,有的可作为某些寄生虫的中间宿主,有的寄生在动物体表,对动物造成直接危害。此处介绍的是寄生在牛羊体表的蜱类。

蜱病是由蜱类动物寄生在牛羊体表而引起的体外寄生虫病。蜱以吸血和毒素危害牛羊,以瘙痒、渐进性消瘦和贫血为特征。

(二)病原特征

蜱为节肢动物,虫体呈长椭圆形,背腹扁平,头、胸、腹分界不明显。其头部为假头,由假头基和口器构成。胸腹部背面形成盾板,盾板上有各种花纹及点窝状刻点。成虫有四对足,其足上有许多须肢(图 2-16)。

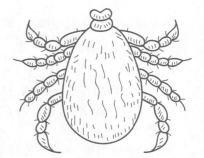

图 2-16　蜱

(三)防治措施

蜱病的防治应以灭蜱为主。灭蜱措施包括手工灭蜱和化学灭蜱。

1. 手工灭蜱

手工灭蜱指人工消灭畜体的蜱。在畜体寄生的蜱数量不多时,可经常检查畜体各部,发现有蜱叮附,即把蜱拔下处死。

2. 化学灭蜱

化学灭蜱即用化学药物杀死畜体体表、畜舍和外界环境中的蜱。

（1）畜体灭蜱　用灭害灵乳剂或粉剂喷洒在畜体各部,能很快使蜱死亡落地。

（2）畜舍灭蜱　用敌敌畏或灭害灵喷洒,喷洒时要把所有角落都喷到,不能留空隙。

（3）外界环境灭蜱　主要指草场和运动场灭蜱。可用敌敌畏喷洒,也可采用轮牧法,每年换一个草场,使蜱因得不到吸血机会而死亡。

四、牛梨形虫病

（一）概述

牛梨形虫病是由双芽巴贝斯焦虫寄生在牛的红细胞内引起的一种血液原虫病。以高热、贫血、黄疸及血尿为特征。

（二）病原特征

虫体呈双梨籽状,成锐角排列,位于红细胞中央,其长度大于红细胞半径。在红细胞内还可见到环形、椭圆形和单梨籽形虫体。其生活史同泰勒焦虫。

（三）症状

（1）体温升高(40~41.5℃),呈稽留热型,精神沉郁,食欲减退,反刍停止。

（2）贫血,黄疸,血尿,腹泻。

（四）防治措施

参考牛泰勒焦虫病。

项 目 小 结

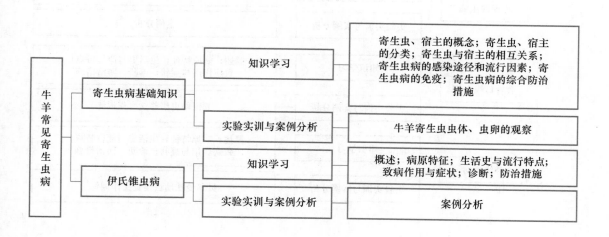

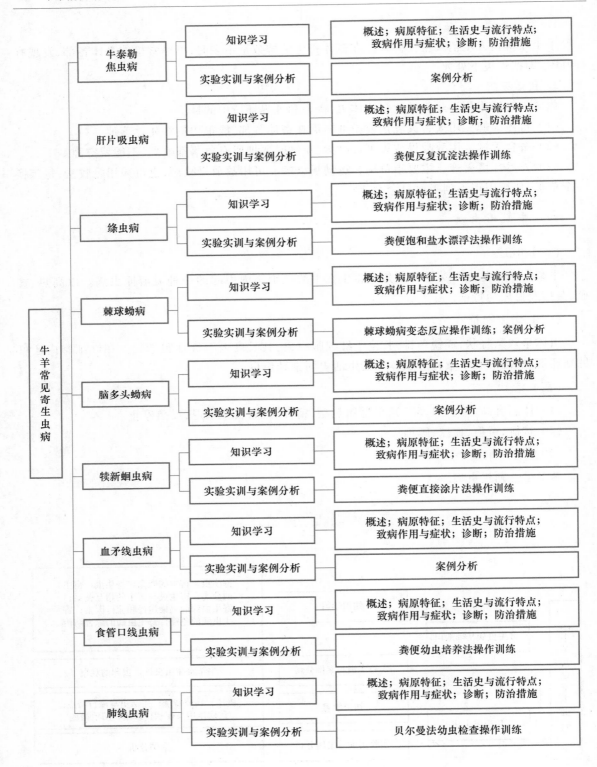

牛羊常见寄生虫病

牛泰勒焦虫病
- 知识学习 —— 概述；病原特征；生活史与流行特点；致病作用与症状；诊断；防治措施
- 实验实训与案例分析 —— 案例分析

肝片吸虫病
- 知识学习 —— 概述；病原特征；生活史与流行特点；致病作用与症状；诊断；防治措施
- 实验实训与案例分析 —— 粪便反复沉淀法操作训练

绦虫病
- 知识学习 —— 概述；病原特征；生活史与流行特点；致病作用与症状；诊断；防治措施
- 实验实训与案例分析 —— 粪便饱和盐水漂浮法操作训练

棘球蚴病
- 知识学习 —— 概述；病原特征；生活史与流行特点；致病作用与症状；诊断；防治措施
- 实验实训与案例分析 —— 棘球蚴病变态反应操作训练；案例分析

脑多头蚴病
- 知识学习 —— 概述；病原特征；生活史与流行特点；致病作用与症状；诊断；防治措施
- 实验实训与案例分析 —— 案例分析

犊新蛔虫病
- 知识学习 —— 概述；病原特征；生活史与流行特点；致病作用与症状；诊断；防治措施
- 实验实训与案例分析 —— 粪便直接涂片法操作训练

血矛线虫病
- 知识学习 —— 概述；病原特征；生活史与流行特点；致病作用与症状；诊断；防治措施
- 实验实训与案例分析 —— 案例分析

食管口线虫病
- 知识学习 —— 概述；病原特征；生活史与流行特点；致病作用与症状；诊断；防治措施
- 实验实训与案例分析 —— 粪便幼虫培养法操作训练

肺线虫病
- 知识学习 —— 概述；病原特征；生活史与流行特点；致病作用与症状；诊断；防治措施
- 实验实训与案例分析 —— 贝尔曼法幼虫检查操作训练

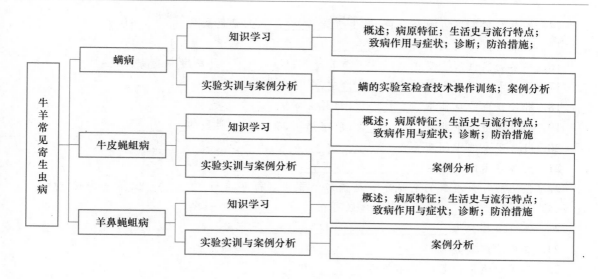

项目测试

一、名词解释

寄生　寄生虫　寄生虫病　暂时性寄生虫　永久性寄生虫　宿主　终末宿主　中间宿主　补充宿主　贮藏宿主　带虫宿主　寄生虫病的免疫　预防性驱虫　治疗性驱虫

二、填空题

1. 按寄生时间长短,寄生虫分为＿＿＿＿、＿＿＿＿。

2. 按寄生部位,寄生虫分为＿＿＿＿、＿＿＿＿。

3. 宿主可分为＿＿＿＿、＿＿＿＿、＿＿＿＿、＿＿＿＿和＿＿＿＿。

4. 寄生虫病的流行因素包括＿＿＿＿、＿＿＿＿、＿＿＿＿和＿＿＿＿。

5. 寄生虫病的综合防治措施分为＿＿＿＿和＿＿＿＿两个方面。前者又分为＿＿＿＿、＿＿＿＿。

6. 伊氏锥虫血片经吉姆萨染色后,细胞核和动基体呈＿＿＿＿色,鞭毛呈＿＿＿＿色,波动膜呈＿＿＿＿色,原生质呈＿＿＿＿色。

7. 伊氏锥虫寄生在宿主的＿＿＿＿和＿＿＿＿中。

8. 伊氏锥虫病的传播媒介为＿＿＿＿。

9. 伊氏锥虫病多在＿＿＿＿季节发病。

10. 伊氏锥虫主要由＿＿＿＿致病。损害宿主的＿＿＿＿、＿＿＿＿和＿＿＿＿。

11. 伊氏锥虫病的诊断方法包括＿＿＿＿和＿＿＿＿,后者常采用＿＿＿＿、＿＿＿＿和＿＿＿＿。

12. 牛泰勒焦虫病是由牛泰勒焦虫寄生于牛的＿＿＿＿和＿＿＿＿引起的一种原虫病。

13. 牛泰勒焦虫的形态为＿＿＿＿、＿＿＿＿、＿＿＿＿、＿＿＿＿和＿＿＿＿形。

14．牛泰勒焦虫用吉姆萨染色，原生质呈_____色，染色质呈_____色。

15．牛泰勒焦虫病的中间宿主为_____。

16．牛泰勒焦虫病主要在_____季节流行，以_____月发病率最高。

17．肝片吸虫寄生于牛羊的_____中，引起牛羊肝片吸虫病。

18．肝片吸虫的虫体呈_____状，新鲜虫体呈_____色。

19．肝片吸虫的虫卵呈_____色，前端稍窄，有一个不明显的_____。

20．肝片吸虫的中间宿主为_____。_____季节多发病。

21．灭螺常用的药物为_____和_____。

22．预防肝片吸虫病的主要环节是预防性驱虫。每年进行_____次，第一次在_____进行，第二次在_____进行。南方地区可在_____再增加一次。

23．绦虫节片分为_____、_____和_____三部分。

24．绦虫的体节分为_____、_____和_____三部分。

25．牛羊对绦虫最易感的年龄为_____和_____。

26．绦虫的中间宿主为_____。

27．在温暖潮湿的季节地螨最多，所以发病_____。

28．棘球蚴的成虫为_____。

29．棘球蚴的终末宿主为_____，中间宿主为_____。

30．棘球蚴病以_____感染率最高，牛也易感。

31．细粒棘球绦虫的卵在 0 ℃能存活_____天，在_____℃死亡。

32．脑多头蚴病是由_____寄生在牛羊的_____引起的一种寄生虫病。

33．脑多头蚴的虫体呈_____形，囊内_____，由黄豆大到鸡蛋大。

34．脑多头蚴的终末宿主为_____，中间宿主为_____，成虫寄生在终末宿主的_____内。

35．犊新蛔虫病是由_____引起的寄生虫病。

36．牛新蛔虫幼虫在母牛器官中存留，母牛怀孕后_____月移行到子宫。

37．牛新蛔虫的成虫寄生在_____，幼虫寄生在_____。

38．犊新蛔虫的虫体损伤肠黏膜，引起_____、_____。虫体过多时_____引起_____、_____。

39．犊新蛔虫病的实验室诊断常采用_____和_____。

40．血矛线虫属的寄生虫有许多种，以_____的致病力最强。

41．捻转血矛线虫外观呈_____，故称捻转血矛线虫。

42．捻转血矛线虫寄生在牛羊的_____，其致病作用主要是_____引起贫血。

43．捻转血矛线虫病以_____季节发病率最高。

44．捻转血矛线虫病的实验室诊断用_____法，发现虫卵后可确诊。

45．食管口线虫病是由_____寄生于牛羊的_____引起的一种寄生虫病。

46．食管口线虫为_____体，雄虫_____发达。

47．食管口线虫的幼虫对_____、_____和_____敏感。

48．食管口线虫病以_____发病率高，_____发病率低。

49. 肺线虫病是由肺线虫属的_____虫寄生于牛羊的_____和_____引起的牛羊寄生虫病。

50. 肺线虫病临床上以_____、_____和_____为特征。

51. 肺线虫的虫体呈_____状_____色。

52. 肺线虫病对成年羊比羔羊的感染率_____。

53. 螨病又叫_____,是由_____和_____寄生于牛羊的_____和_____引起的体外寄生虫病。

54. 螨病以_____、_____和_____为特征。

55. 疥螨呈_____形,_____色,背面_____,腹面_____,有_____对足。卵呈_____形。

56. 疥螨的生活史经_____、_____、_____和_____四个阶段。

57. 牛皮蝇蛆病是由_____寄生于牛_____引起的一种寄生虫病。

58. 牛皮蝇的成虫似_____,体表_____。卵呈_____形_____色。

59. 牛皮蝇的幼虫呈_____状,身体分_____节,各节间_____,后端有_____个_____气孔。

60. 牛皮蝇的第三期幼虫呈_____色,虫体分_____节。

61. 牛皮蝇成蝇多在每年的_____月间出现。成蝇寿命_____天。

62. 羊鼻蝇蛆病是由_____的_____寄生在羊的_____和_____引起的一种寄生虫病。

63. 羊鼻蝇的成虫形似_____,_____色,头部较大呈_____色,无_____。

64. 羊鼻蝇的幼虫呈_____色,前端有_____,后端_____,有_____气孔。

65. 羊鼻蝇成蝇_____月份最活跃,在_____飞出侵袭羊只。

三、选择题

1. 寄生虫幼虫发育后期所需的宿主称(　　　　)。
A. 终末宿主　　　　B. 贮藏宿主　　　　C. 补充宿主　　　　D. 带虫宿主

2. 寄生在宿主皮肤内的寄生虫称(　　　　)。
A. 内寄生虫　　　　B. 外寄生虫　　　　C. 永久性寄生虫　　　　D. 暂时性寄生虫

3. 寄生虫感染宿主的最主要途径是(　　　　)。
A. 经口感染　　　　B. 经皮肤感染　　　　C. 经黏膜感染　　　　D. 经胎盘感染

4. 伊氏锥虫病是由伊氏锥虫寄生在牛的(　　　　)引起的一种原虫病。
A. 口腔内　　　　B. 瘤胃内　　　　C. 小肠内　　　　D. 血浆内

5. 伊氏锥虫的虫体呈(　　　　)状。
A. 卷曲的柳叶状　　　　B. 椭圆形　　　　C. 逗点状　　　　D. 杆状

6. 牛泰勒焦虫的中间宿主为(　　　　)。
A. 地螨　　　　B. 蚂蚁　　　　C. 璃眼蜱　　　　D. 锥实螺

7. 牛泰勒焦虫寄生在牛的(　　　　)。
A. 皮肤内　　　　　　　　　　　　B. 胃内

C. 小肠内   D. 红细胞和网状内皮细胞内

8. 肝片吸虫的卵呈(　　　)。

A. 三角形   B. 长方形   C. 卵圆形   D. 榆叶状

9. 绦虫寄生在宿主的(　　　)。

A. 消化道   B. 消化腺   C. 血液内   D. 横纹肌

10. 棘球蚴的六钩蚴寄生在牛羊的(　　　)。

A. 小肠内   B. 肝、肺内   C. 脑内   D. 肌肉内

11. 脑多头蚴的中间宿主是(　　　)。

A. 金龟子   B. 璃眼蜱   C. 牛羊   D. 犬猫

12. 牛新蛔虫的中间宿主是(　　　)。

A. 成牛   B. 犊牛   C. 公牛   D. 都不是

13. 犊新蛔虫病主要发生于(　　　)。

A. 5 个月以内的犊牛   B. 性成熟前的母牛

C. 老牛   D. 壮年牛

14. 犊新蛔虫病的实验室诊断可用(　　　)。

A. 粪便直接涂片法、饱和盐水漂浮法   B. 血液凝集试验

C. 中和试验   D. 琼脂扩散试验

15. 血矛线虫的虫体呈(　　　)。

A. 圆柱状   B. 毛发状   C. 球状   D. 细条状

16. 食管口线虫的致病作用为(　　　)。

A. 损害食管口   B. 损害胃黏膜   C. 损害小肠壁   D. 损害结肠壁

17. 肺线虫对外界环境的适应性的叙述中正确的说法是(　　　)。

A. 耐高温   B. 耐低温, -40 ℃ 不死亡

C. 既耐高温又耐低温   D. 对高温和低温都怕

18. 螨病危害最严重的宿主为(　　　)。

A. 水牛   B. 山羊   C. 绵羊   D. 黄牛

19. 牛皮蝇蛆寄生在牛的(　　　)。

A. 肌肉深部   B. 四肢皮内   C. 鼻腔   D. 背部皮下组织内

20. 羊鼻蝇成虫的形态为(　　　)。

A. 似蜜蜂   B. 似蝇蛆   C. 似蚯蚓   D. 似金龟子

四、判断正误(正确画"√", 错误画"×")

1. 寄生虫有适宜的感染途径, 在宿主体内有较长的生长寿命, 寄生虫病流行的可能性就大, 否则, 流行的可能性就小。(　　　)

2. 在抗原初次侵入宿主时, 产生的抗体高, 此时如果再次给宿主注入同种抗原, 因原来的抗体与新进来的抗原相结合而被消除, 随后所产生的抗体就低。(　　　)

3. 伊氏锥虫病主要由锥虫毒素侵害宿主的血液、肝和神经系统。(　　　)

4. 牛泰勒焦虫病的传染源是泰勒焦虫。(　　　)

5. 肝片吸虫的成虫寄生在锥实螺体内,幼虫寄生在牛、羊的胆管内,引起肝片吸虫病。
(　　　)

6. 绦虫病的实验室诊断常采用补体结合反应和琼脂扩散反应,判定为阳性的确诊。
(　　　)

7. 棘球蚴病的特征是咳嗽、肝区疼痛、衰弱、消瘦和持续性瘤胃臌气。(　　　)

8. 脑多头蚴的六钩蚴在中间宿主的横纹肌发育成多头蚴。(　　　)

9. 牛新蛔虫在母牛的小肠内产卵,卵随粪便排出体外,污染外界环境。(　　　)

10. 犊新蛔虫病的主要症状为缺乏食欲、腹泻、便血、粪便恶臭。(　　　)

11. 捻转血矛线虫寄生在牛羊的第四胃,故又称"捻转胃虫病"。(　　　)

12. 捻转血矛线虫的感染性幼虫在瘤胃内脱鞘,到真胃后钻入黏膜上皮,在此发育成第二期幼虫,再返回到胃黏膜表面,吸附在胃黏膜上。(　　　)

13. 食管口线虫病以引起肠壁的结节性病变,溃疡性化脓性结肠炎和持续性腹泻为特征。
(　　　)

14. 肺线虫病以咳嗽,流黏液脓性鼻液,消瘦为特征。(　　　)

15. 疥螨在皮肤内挖掘隧道,每隔一段向皮肤表面开一个小孔,供通气和幼虫出入。痒螨同样在皮肤内挖掘隧道。(　　　)

16. 肺线虫病的实验室诊断常采用粪便直接涂片法。(　　　)

17. 牛皮蝇的幼虫呈蛆状,身体分 11～12 节。(　　　)

18. 牛皮蝇的第三期幼虫为成熟幼虫,体粗壮。(　　　)

19. 牛皮蝇的成蝇野居,叮咬在牛的四肢上部,靠吸牛的血液营生。(　　　)

20. 羊鼻蝇的成蝇在羊的背毛上产出幼虫,幼虫钻入皮肤内发育为成蝇。(　　　)

五、问答题

1. 寄生虫对宿主的危害有哪几个方面?

2. 宿主对寄生虫的反应和防御有哪几个方面?

3. 寄生虫免疫抗体产生的规律是什么?

4. 外界环境除虫包括哪些内容?

5. 试描述伊氏锥虫的虫体形态。

6. 伊氏锥虫病的症状有哪些?

7. 怎样防治伊氏锥虫病?

8. 牛泰勒焦虫病有哪些症状?

9. 怎样防治牛泰勒焦虫病?

10. 肝片吸虫病有哪些症状?

11. 绦虫病的症状有哪些?

12. 怎样诊断绦虫病?

13. 棘球蚴的虫体特征是什么?

14. 怎样预防棘球蚴病?

15. 脑多头蚴病的临床症状有哪些?

16. 怎样防治脑多头蚴病？

17. 试述牛新蛔虫的生活史。

18. 犊新蛔虫病的临床症状有哪些？

19. 怎样防治犊新蛔虫病？

20. 试述捻转血矛线虫的生活史。

21. 捻转血矛线虫病有哪些临床症状？

22. 怎样防治捻转血矛线虫病？

23. 试述食管口线虫的生活史。

24. 怎样防治食管口线虫病？

25. 试述肺线虫的生活史。

26. 肺线虫病的症状有哪些？

27. 怎样防治肺线虫病？

28. 螨病有哪些临床症状？

29. 怎样防治螨病？

30. 试述牛皮蝇的生活史。

31. 怎样防治牛皮蝇蛆病？

32. 试述羊鼻蝇的生活史。

33. 羊鼻蝇蛆病的临床症状有哪些？

34. 怎样防治羊鼻蝇蛆病？

项目 3

牛羊常见营养代谢病

项目导入

营养代谢病以个体发病为主,也可见群体发病。牛羊养殖场中一旦发病,会造成一定损失。张辉实习小组通过对营养代谢病的实习,在孙老师的指导下,学会牛羊营养代谢病的临床检查,收集临床症状;通过与所学相关知识对照,学会正确诊断牛羊营养代谢病,学会制订有效的防治措施,并亲自参与治疗病畜。

本项目将学习 3 个任务:(1)牛酮血病;(2)佝偻病;(3)骨软症。

任务 3.1 牛 酮 血 病

任务目标

知识目标:掌握牛酮血病的病因、症状与防治知识。

技能目标:学会根据资料正确诊断牛酮血病,制订合理的防治措施。

知识学习

一、概述

牛酮血病是指牛因体内糖类和脂肪代谢障碍而引起的一种代谢性疾病。临床上以昏睡或兴奋、产乳量下降、机体失水、偶尔表现为运动障碍为特征。实验室检查可见血液、乳和尿中的酮体含量增高(分别称为酮血症、酮乳症和酮尿症),血糖浓度下降,肝糖原含量减少。

本病多见于产后 6 周以内的泌乳牛,尤其多见于营养状况良好、运动量不足的高产乳牛,也可见于乳山羊和绵羊。雄性牛羊和阉割后的牛羊很少发病。

二、病因

(1)日粮不合理,饲料中糖类物质或生糖物质(粗纤维)含量不足,而蛋白质和脂肪的含量丰富。

（2）泌乳量大,大量的血糖转化为乳糖,导致血糖的消耗量增大,肝中的脂肪分解,从而使血液中酮体含量增高。

（3）继发于胃肠道疾病。饥饿、胃肠机能减弱时,对糖的吸收减少,对纤维素的分解减少,从而对生糖物质的吸收减少。

三、症状

（1）病牛表现为顽固性消化不良,食欲减退,反刍减少,不愿采食精料,仅吃少量干草和其他粗料,有时有异嗜现象,吃污秽的垫草。胃的蠕动音减弱。粪便干硬或腹泻,恶臭。

（2）泌乳量减少,乳汁苦涩,加热时散发出酮体气味(烂苹果味或甜酒气味)。

（3）病牛呼出的气体、口腔和尿中均有酮体气味,严重者进入牛舍即可闻到。

（4）后期出现神经症状,病牛初期兴奋不安,听觉和触觉过敏,狂躁,有时横冲直撞。随后较为抑制,表现为精神沉郁,步态不稳,后肢瘫痪。严重者头弯向一侧,呈昏睡状态。

四、诊断

典型的酮血病,根据发病时期、发病特点和特征性临床症状不难做出准确的诊断。症状轻微者,可进行实验室诊断,检测血糖浓度,以及血液、乳和尿中酮体的含量(正常乳牛的血糖浓度为每百升血 50 mg,血酮含量为每百升血 10 mg 以下,乳酮含量为每百升乳 3 mg,尿酮含量为每百升尿 10 mg 以下。病牛的血糖浓度为每百升血 20 ~ 40 mg,血酮含量为每百升血 10 ~ 100 mg,乳酮含量可达每百升乳 40 mg,尿酮含量可达每百升尿 70 mg)。

继发性酮血病,可根据原发病的特点及对"高糖疗法"效果不明显等表现加以鉴别。

五、防治措施

（一）预防

加强妊娠母牛的饲养管理,日粮中适当增加糖类和生糖物质(如玉米粉)的含量。妊娠后期应适当运动,并饲以蛋白质含量高的优质牧草。高产乳牛可于分娩后内服或混于精料中投喂丙酸钠 120 g,2 次/d,连用 10 d,或丙二醇 350 mL/d,连用 10 d。

（二）治疗

（1）食疗　调整饲料配方,减少脂肪在饲料中的含量,增喂含糖丰富的饲料和优质青干草,补充维生素。

（2）高糖疗法　10% 或 50% 葡萄糖注射液静脉注射,每次 300 ~ 500 mL,2 次/d。也可同时肌内注射胰岛素 100 ~ 200 U,或每天用红糖或白糖 500 ~ 1 000 g 溶于水中分两次内服,连用数天;或用生糖物质(丙酸钠或丙二醇),第一天 100 g,以后每天 500 g,加水溶解后内服,2 次/d,连用 5 ~ 10 d;或用乳酸铵 200 g/d,连服 3 d。

（3）激素疗法　氢化可的松或肾上腺皮质激素 1 g,皮下注射。亦可与高糖疗法配合进行,效果更好。

（4）对症治疗　消化不良者用健胃消食药,兴奋不安者用镇静药。伴发酸中毒者内服碳酸氢钠 50 ~ 100 g,或大黄苏打片 50 g,或 5% 碳酸氢钠溶液 300 ~ 500 mL,静脉注射。

（5）辅助疗法 在治疗的过程中适当运动,减少挤奶次数和每次挤乳量,适当晒太阳。

 实验实训与案例分析

案例分析

郊区乳牛场给孙老师打电话说有两头乳牛发病,请孙老师帮助治疗。孙老师带领张辉实习小组来到郊区乳牛场。到场后他们穿好防护服,戴上口罩和手套,首先听取了饲养员介绍情况。乳牛场入冬以来饲喂青贮饲料,精料以豆粕为主,搭配少量麸皮。近期阴雨天较多,乳牛很少运动。12 月 5 日 250 号牛和 382 号牛产犊,日产乳量分别为 53 kg 和 49 kg。12 月 13 日开始两牛食欲减退,以后只吃少量干草,产乳量减少,缺乏精神。250 号牛有时狂躁不安。听饲养员介绍后,张辉实习小组对病牛进行了临床检查。病牛膘情良好,刚接近牛体,就有一股烂苹果味扑鼻而来,开口检查时气味更浓。其他器官无明显病变。检查结束后大家坐下来对病例进行分析。

分析认为,病牛的临床症状和饲养管理方式与所学的牛酮血症相符,初步诊断为牛酮血症。随即采集颈静脉血,带回学校做实验室检查。经实验室检查,病牛血酮含量分别为:250 号牛每百升血 50 mg,382 号牛每百升血 90 mg,远超过正常值每百升血 10 mg 以下。根据以上资料,郊区乳牛场的病牛被确诊为牛酮血症。经大家讨论,制订如下防治方案:

（1）高糖疗法 50% 葡萄糖注射液静脉注射,每次 500 mL,每天 2 次。或在饮水中加红糖每天 1 000 g,分 2 次饮用。连用 10 d。

（2）皮下注射氢化可的松每次 1 g,每天 1 次,连用 3 d。

（3）对症治疗 消化不良者用健胃消食药,兴奋不安者用镇静药,伴发酸中毒者每天内服碳酸氢钠 100 g。

（4）辅助治疗 适当运动,减少挤乳量。

最后,孙老师叮嘱乳牛场工作人员,要加强妊娠母牛的饲养管理,增加日粮中玉米的比例,增加运动量。高产乳牛分娩后,日粮中加喂丙酸钠,每次 120 g,一日两次,连用 10 d。

10 日后回访,两头病牛均已康复。

 **随堂练习**

1. 引起牛酮血病的病因有哪些?
2. 牛酮血病的诊断要点有哪些?

任务 3.2 佝 偻 病

 **任务目标**

知识目标:掌握佝偻病的病因、症状和防治知识。

技能目标：学会根据资料正确诊断佝偻病，制订合理的防治措施。

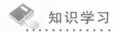 **知识学习**

一、概述

佝偻病是幼畜禽由于钙、磷摄入量不足或钙、磷代谢障碍而引起的骨组织发育不良的一种营养代谢性疾病。临床上以消化机能紊乱、异嗜、惊恐不安、跛行和骨骼变形为特征。

本病常见于犊牛和羔羊，也可见于其他畜禽。

二、病因

1. 维生素 A、维生素 D 缺乏

母乳中尤其是断乳后饲料中的维生素 A、维生素 D 含量不足，犊牛和羔羊缺乏足够的阳光照射，致使机体内合成的维生素 A、维生素 D 不足，母牛长期采食缺乏维生素 A、维生素 D 的饲料，如暴晒、雨淋的饲草，是造成母乳中维生素 A、维生素 D 缺乏的重要原因。

2. 饲料中钙磷缺乏或比例不当

饲料中钙磷的绝对含量不足或有效含量（指饲料中可被犊牛和羔羊吸收的钙磷含量）不足，或钙磷比例超出（1.5~2.5）：1。

3. 钙磷吸收障碍或损失过多

慢性消化道疾病、长期腹泻和某些传染病可导致犊牛和羔羊对钙磷的吸收减少。某些出血性疾病则可导致钙磷的损失增多。

三、症状

早期表现为食欲减退，消化不良，缺乏精神，经常卧地不愿站立和运动，然后出现异嗜癖，睡觉时易惊醒，发育停滞，消瘦，出牙迟缓，齿形不规则且钙化不良、排列不整齐，易磨损和碎裂。站立时低头、弓背，前肢腕关节屈曲，呈内弧形（"O"形腿）（图3-1）。后期可死于褥疮、败血症或呼吸道、消化道感染。

图 3-1 患佝偻病的犊牛和羔羊站立姿势

四、诊断

1. 临床诊断

根据发病年龄、饲养管理条件、病程,以及特征性的临床症状(生长发育迟缓、异嗜癖、运动障碍、牙齿和骨骼变化),可做出准确的临床诊断。

2. X 射线诊断

透视或拍片时可见骨质密度降低,长骨末端呈毛刷状或绒毛状外观。X 射线诊断一般用于早期临床症状尚不明显者。

3. 实验室诊断

血液学检查,可见红细胞减少、血红蛋白量降低。如因维生素 D 缺乏而引起,则可见血磷浓度降低(30 ~ 40 mg/L 以下),碱性磷酸酶活性增高(100 U/L 以上),后期则血钙浓度降低至 40 ~ 70 mg/L 或更低。实验室诊断一般在疾病的早期进行。

五、防治措施

(一)预防

加强饲养管理,饲喂全价饲料,保证充足的维生素 D 和钙磷含量及其正确的比例。增加户外活动,保证一定的日光照射。必要时可在消毒乳或补充饲料中添加维生素 D 和鱼肝油滴剂,也可在犊牛和羔羊哺乳前滴喂鱼肝油滴剂 5 ~ 10 mL/d,保持畜舍干燥清洁、通风良好、光线充足,适当延长哺乳期,有条件的牛羊养殖场冬季实行紫外线灯照射 10 ~ 20 min/d,对预防佝偻病发生具有重要意义。

(二)治疗

以消除病因、改善饲养条件结合药物治疗为原则。

1. 加强饲养管理

调整日粮组成,增加富含维生素 D 的饲料比例(夏季多喂青绿饲料,冬季多喂经日光照射的优质干草,必要时添加鱼肝油滴剂),调整钙磷比例,适当加强钙磷营养。保持畜舍干燥温暖,光线充足,通风良好,垫草干且厚,加强户外活动。冬季实行紫外线灯照射 15 ~ 30 min/d。

2. 药物治疗

(1)维生素 A、D 疗法 应用鱼肝油(犊牛 20 ~ 40 mL/d、羔羊 10 ~ 20 mL/d)、浓缩鱼肝油(100 kg 体重用 0.4 ~ 0.6 mL)和维生素 A、D 滴剂(犊牛 10 ~ 20 mL/d、羔羊 5 ~ 10 mL/d)等口服药,以及维生素 D_2 和维生素 D_3 油剂、维丁胶性钙等注射剂。

(2)钙剂疗法 常用的有碳酸钙(犊牛 10 ~ 20 g、羔羊 5 ~ 10 g)和乳酸钙(犊牛 2 ~ 5 g、羔羊 0.5 ~ 1 g)等口服药,10% 氯化钙注射液(10 ~ 20 mL)、葡萄糖酸钙(10 ~ 20 mL)等静脉注射用药。

(3)甲状旁腺素法 1% 甲状旁腺素 0.5 ~ 2.0 mL,肌内注射,每天一次。

(4)对症治疗 可根据伴发症状采取相应的治疗措施。

实验实训与案例分析

案例分析

江山乳牛场经常出现犊牛乱吃污染垫草和粪便的现象,有时还吃土。牛缺乏食欲,消瘦。场长请孙老师帮助治疗。孙老师带领张辉实习小组来到江山乳牛场。据场长介绍,本场经常饲喂干稻草,犊牛出生时一切正常,随着日龄增加,采食量逐渐减少,出现异嗜现象,舔食粪尿和垫草,轻度腹泻和臌气,逐渐消瘦,缺乏精神,喜卧,不愿站立和运动,强迫其运动时步态不稳,轻度跛行。3~4个月后,关节逐渐肿大,姿势改变。听完场长介绍后,张辉实习小组穿上防护服,戴上口罩和手套,对病犊进行查看。只见有4头犊牛表现和场长介绍的症状一样,其中有1头弓背,前腕关节屈曲呈内弧形,站立呈"O"形。现场观察后大家对病例进行分析。

分析认为,江山乳牛场犊牛的临床症状与所学的佝偻病相符,初步诊断为佝偻病。经讨论制订防治方案如下:

(1)饲喂全价饲料,补充维生素A、维生素D和鱼肝油滴剂,维生素A、D菌剂犊牛20 mL/d,羔羊10 mL/d,鱼肝油犊牛40 mL/d,羔羊20 mL/d。添加磷酸氢钙,每头每天10~30 g,长期饲喂,多晒太阳。

(2)葡萄糖酸钙注射液10~20 mL,静脉注射,每天1次,连用10 d。

3个月后回访,除已形成"O"形腿的犊牛外,其他犊牛基本康复。

 随堂练习

1. 引起佝偻病的病因有哪些?
2. 为什么佝偻病在冬季发病较多?
3. 根据佝偻病的发病原因,谈谈在饲养管理方面应采取哪些措施来预防佝偻病的发生。

任务3.3　骨　软　症

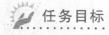 **任务目标**

知识目标:掌握骨软症的病因、症状和防治知识。

技能目标:学会根据资料正确诊断骨软症,制订合理的防治措施。

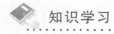 **知识学习**

一、概述

骨软症又称骨质软化症,是成年动物由于钙、磷不足或钙磷比例不当而引起的营养不良性慢性骨病。临床上以消化机能紊乱、异食癖、跛行、骨质疏松和骨骼变形为特征。

本病主要发生于牛和绵羊,其他畜禽偶见发病。与佝偻病比较,其临床表现相似,但发病年龄不同。

二、病因

1. 钙、磷供应不足

饲料和饮水中钙磷的绝对含量不足或可被机体吸收的钙磷含量低于机体的需要量。

2. 钙、磷比例不当

主要是缺磷。饲料配方不当或长期使用单一饲料原料,造成饲料中钙磷比例超出正常比例[Ca∶P 正常比例为(1.5～2.5)∶1],从而影响了机体对钙、磷的吸收。

3. 钙、磷吸收障碍

(1)维生素 D 缺乏　如长期饲喂未经日晒的干草,饲料中的维生素 D 含量不足;机体缺乏日光照射和运动,导致体内不能产生足够的、具有生物活性的维生素 D。

(2)消化机能障碍　患有慢性消化道疾病,如慢性胃肠炎、慢性肝炎、消化道寄生虫病。

(3)饲料中脂肪含量过多　过多的脂肪在消化道内转化为脂肪酸,与钙结合成不溶性的钙皂,不能被机体吸收而致丢失。

(4)肾功能不全或减弱　肾病可导致肾小管对钙的重吸收障碍,如慢性肾炎。

4. 钙、磷损失过多

如长期饲喂高蛋白日粮,将在代谢过程中产生大量的硫酸和磷酸,与血钙结合而排出体外,造成钙、磷丢失。慢性出血性疾病也可导致体内钙磷的丢失。

5. 其他因素

如妊娠、泌乳、修复骨损伤,都可引起机体对钙、磷的需要量增加,使正常供应的钙、磷含量相对不足。甲状旁腺机能亢进可加速骨的脱钙,从而促进本病的发生。

三、症状

(1)初期出现慢性消化不良和跛行,异嗜(舔食墙砖、泥土及粪尿),缺乏精神,粪便时干时稀。

(2)随着病情的发展,病牛表现为营养不良,贫血,多卧少立或起立困难,步态强拘,行走谨慎,跛行逐渐明显。

(3)病情进一步发展,骨和关节变形,骨质疏松而容易发生骨折。如头骨变形,下颌支肥厚,颜面隆突,齿松动而咀嚼困难;四肢关节肿大变形,肋骨变平,弓背或凹背,严重者第一至三尾椎被吸收而消失,尾摆动幅度变小;两前肢肘头外展呈"O"形腿,后肢站立时内收呈"X"形腿。妊娠母牛发病则随妊娠期的增长而症状逐渐加重。

四、诊断

(一)临床诊断

根据发病年龄、饲养管理条件(日粮组成及光照条件)、特征性的临床症状(慢性消化不良、运动障碍、骨和关节变形)不难做出准确的诊断。必要时可用额骨穿刺法进行诊断(用普通穿刺针穿刺额骨,一般腕力下即可刺入额骨并能固定穿刺针,证明骨质疏松)。

（二）实验室诊断

检测血清中钙、磷含量，对于早期诊断具有重要意义。

（三）X射线检查

可用X射线检测骨密度和进行骨影像分析。

（四）鉴别诊断

本病应注意与佝偻病（发病年龄不同）、风湿病（运动后症状减轻，痛点不定，骨不变形）、外伤或感染性肢蹄病（有明显的外伤和病灶）、氟中毒（牙齿变黄、黑，易崩裂）等病相区别。

五、防治措施

（一）预防

采用合理的饲料配方，保证饲料中钙、磷含量和比例适当（役用牛2.5∶1，奶牛1.5∶1）。多喂富含钙、磷和维生素D的青粗饲料和青干草，如花生藤、高粱叶、青刈豆苗。合理添加骨粉、贝壳粉、石粉、磷酸二氢钙等矿物质（羊可加入食盐，做成盐砖供舔食）。改善牛羊舍光照条件，保证充足的光照和户外活动。冬季可用紫外线灯照射15~20 min/d。及时治疗慢性消化道病。必要时用维生素D_2或维生素D_3，每千克体重用11 000 U，肌内或皮下注射。

（二）治疗

（1）20%磷酸二氢钙注射液（牛300~500 mL）或3%次磷酸钙注射液（牛1 000 mL），第一天静脉注射，以后改为多点皮下注射，1次/d，连用3~5 d。

（2）维生素D_2或维生素D_3油剂，肌内或皮下注射，1次/周，连用2~3次。

（3）口服磷酸二氢钙，牛100 g/d。

（4）加强饲养管理　合理配制日粮，多喂富含矿物质和维生素的优质青绿饲料和干青草。

✦ 实验实训与案例分析
···························

案例分析

赵庄赵六养乳牛15头，长期以干稻草为主饲料，补充少量麸皮，近来陆续有几头牛发病，赵六请孙老师治疗。

孙老师带领张辉实习小组来到赵六家，穿好防护服，戴上口罩和手套后，首先听取赵六介绍情况。据赵六介绍，他的牛近来吃草减少，走路瘸腿，舔食砖头，吃土和粪尿，缺乏精神。大便时干时稀。随着时间发展头骨变形、下颌支肥厚、颜面骨隆起，咀嚼困难；四肢关节肿大变形，肋骨变平，弓背凹腰，尾尖脱落，两前肢肘头外展呈"O"形腿，后肢站立时内收呈"X"形腿。听完赵六介绍后，张辉实习小组对现场进行查看，查看结果与赵六所说一致。孙老师拿一把锥子刺了一下病牛面骨，不用费力就刺了进去。孙老师告诉大家，赵六家的牛患的是骨软症。大家通过充分讨论，制订防治方案如下：

（1）饲喂全价饲料，添加磷酸二氢钙，每头每天100 g；饲喂优质青干草，多晒太阳。

（2）维丁胶性钙肌内注射，每天每头20 mL，连用10 d。

（3）维生素 D_3 乳剂肌内注射,每头每次 20 mL,每周 1 次,连用 3 次。

3 个月后回访,赵六家的患牛症状缓解。

 随堂练习

1. 引起牛羊骨软症的病因分哪几类?
2. 怎样鉴别骨软症与佝偻病、风湿病、外伤或感染性肢蹄病?

知 识 拓 展

一、妊娠毒血症

（一）概述

妊娠毒血症是发生于母羊、母牛妊娠末期的一种脂肪代谢障碍性疾病。临床上以精神沉郁、虚弱、顽固性不吃不喝、运动失调、呆滞凝视、卧地不起甚至昏睡、失明为特征。同时伴有低血糖、高酮血症、酮尿症等代谢变化。

本病在反刍动物主要发生于绵羊,所以称为绵羊妊娠病、孕羊酮尿病,也可见于母牛,其特征与母羊相似,但多见于肥胖母牛,所以又称为肥胖母牛综合征、牛脂肪肝病。山羊也可发病,但较绵羊少见。

（二）病因

一般认为,本病的发生与营养不足、垂体-肾上腺皮质系统功能紊乱、运动不足及应激因素有关。母畜怀孕后期胎儿生长发育迅速,尤其怀双胎或多胎时,营养需求量更大,此时如营养不足,特别是日粮中糖类和蛋白质供应不足或消化吸收障碍,机体就会动用体脂作为能源,引起脂肪代谢障碍,出现血酮、血脂升高,血糖降低,酮尿症,以及肝、肾脂肪变性。垂体-肾上腺皮质系统功能紊乱是本病发病的内在因素,而饲养管理不当(妊娠前期过肥,后期营养不足,缺乏运动),以及应激因素(气候恶劣或天气骤变)则对发病具有促进作用。

（三）症状

（1）牛一般于妊娠的后两个月发病。病初精神沉郁、嗜睡或呆立凝视,食欲减退或废绝。

（2）病情进一步发展,表现呼吸加快,呼出的气体和尿液中有酮体气味。粪便少而干硬,表面常有黏液或血附着。鼻镜干燥甚至龟裂,流清亮鼻液。

（3）后期出现共济失调,步态谨慎或蹒跚,盲目走动,头抵于物体上或做圆圈运动。最后卧地不起,呻吟,衰竭死亡。

（4）羊的症状与牛相似,病初精神沉郁,食欲减退,体温正常。后期食欲废绝,出现神经症状,反应迟钝,运动失调,流涎磨牙。头颈部肌肉抽搐震颤,致使头颈歪斜或后仰,呈"观星姿势",或背线呈"S"状弯曲。视力减退甚至失明。呼出气体带酮体气味。最后卧地不起,昏迷直至死亡。不死者发生难产。

（四）诊断

依据病史、临床症状和饲养管理情况进行综合分析,一般不难做出诊断。必要时可进行实验

室诊断,用血清学检查(检测血糖、血酮、血脂、黄疸指数和谷草转氨酶)和病理学检查(肝肾严重脂肪变性,肿大明显,触之有油腻感,色黄质脆)。

诊断本病时注意与生产瘫痪相区别。后者常发生于分娩前后,发病更急,多发生于高产乳牛,用乳房送风疗法和钙剂静脉注射有良好的疗效。

(五)防治措施

1. 预防

加强饲养管理,保证妊娠后期饲料中有足够的糖类,蛋白质含量在10%左右。避免饲养制度突然改变,加强运动,每天驱赶运动两次,每次1 h左右,晴天最好做户外活动。

2. 治疗

(1)保肝解毒,降低血脂　12.5%肌醇注射液(牛30~50 mL,羊10~15 mL)、10%葡萄糖注射液(牛1 000~1 500 mL,羊300~500 mL)、维生素C注射液(牛30~50 mL,羊10~20 mL)、维生素B_1注射液(牛20~40 mL,羊10~15 mL)混合静脉注射。必要时在葡萄糖注射液中加入甲硫氨酸注射液(牛20~40 mL,羊2~5 mL),静脉注射。

(2)促进糖原异生和新陈代谢　甘油或丙二醇,牛200~500 mL/d,羊50~100 mL/d,口服。氢化可的松,牛100~300 mg,羊30~80 mg,混于5%葡萄糖注射液中静脉注射。

(3)对症治疗　有酸中毒表现的,可静脉注射5%碳酸氢钠注射液。消化机能减弱的,可口服健胃药和助消化药(龙胆酊、陈皮酊、大黄苏打片、曲麦散、补中益气汤)。

药物治疗无效者,可施行人工引产或剖宫产,以保全母体。

二、牛血红蛋白尿症

(一)概述

牛血红蛋白尿症是一种发生于高产乳牛的产后营养代谢性疾病,又称为母牛产后血红蛋白尿病。临床上以排红色尿和贫血为特征。

本病主要发生于3~6胎的高产乳牛,可发于产前1~20 d,但主要发生于产后(占86.19%)。

(二)病因

(1)饲料中含磷量不足,机体吸收磷的功能障碍或机体丢磷过多,导致血液中磷酸盐含量降低(低磷酸盐血症),是本病发生的重要因素。如饲料生产区土壤中缺磷,饲料中磷的添加量不足。

(2)溶血因素使血红蛋白大量释放,是造成牛血红蛋白尿症的直接原因。已证明,血液中磷酸盐含量降低时,红细胞的糖酵解受阻,致使红细胞内的三磷酸腺苷(ATP)和2,3-二磷酸甘油酸(2,3-DPG)减少,当红细胞内的ATP降低至正常值的15%时,红细胞即变成球形红细胞,变形性降低,易遭破坏而溶血。引起溶血的因素除血液中磷酸盐含量降低外,细菌、钩端螺旋体、巴贝斯焦虫,以及吩噻嗪、洋葱中毒和慢性中毒等中毒性疾病均可引起溶血,出现血红蛋白尿症状。

(三)症状

(1)排红色尿是本病的临床特征　病初1~3 d,尿液由淡红色逐渐变为红色、暗红色直至紫红色和棕褐色,以后又逐渐消退。病牛泌乳量下降,后期呼吸和心跳加快。

(2)贫血　随着病情的发展,贫血逐渐加剧。皮肤和可视黏膜的颜色变淡或呈苍白色,黄疸。血液稀薄,凝固性下降,血清呈樱桃红色。实验室检查可见红细胞比容,红细胞数和血红蛋白含量减少,黄疸指数升高,血浆和尿中血红蛋白含量明显升高,磷酸盐含量下降。

（四）诊断

根据发病与分娩有关,红尿、贫血和黄疸,实验室检查低磷酸盐血症不难做出较准确的诊断。但应注意与细菌感染、寄生虫病和中毒性疾病引起的血红蛋白尿相区别,这类疾病都有自身特有的症候群,血红蛋白尿只是其中的一个症状。

（五）防治措施

1. 预防

加强饲养管理,制订合理的妊娠期饲料配方,保证饲料中磷的含量能够满足机体需要。必要时补充含磷丰富的饲料,如豆饼、麸皮、米糠和骨粉。

2. 治疗

以补磷、补血和补液为治疗原则。20% 磷酸二氢钠注射液 300 mL 一次静脉注射,或给予输血、输液（糖盐水）,用量视病情而定。

在治疗的过程中同时加强饲养管理,增加饲料中的含磷量。

项 目 小 结

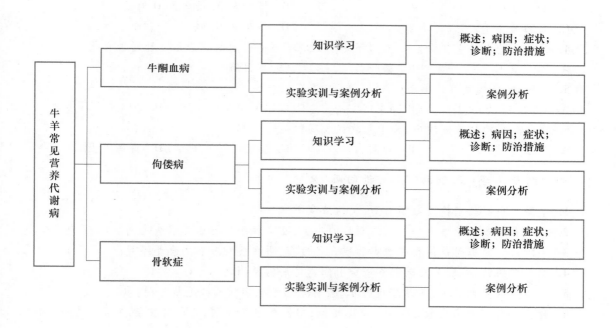

项 目 测 试

一、名词解释

牛酮血病　佝偻病　骨软症

二、填空题

1. 牛酮血病临床上以_____、_____、_____和运动障碍为特征。
2. 牛酮血病治疗方法包括_____、_____、_____、_____和_____。
3. 佝偻病临床上以_____、_____、_____、_____和骨骼变形为特征。
4. 饲料中的钙、磷比例不当或缺乏,是引起幼畜_____病的原因之一。
5. 佝偻病的药物治疗方法包括_____、_____、_____和对症治疗。
6. 骨软症的病因可归纳为_____、_____、_____、_____和其他因素。

三、选择题

1. 不能作为牛酮血病实验室检查指标的是( )。
A. 尿液中酮体增高　　　　　　　　　B. 乳汁中酮体增高
C. 血液中酮体增高　　　　　　　　　D. 胆汁中酮体增高
2. 佝偻病以( )多发。
A. 犊牛和羔羊　　　　B. 壮年牛羊　　　　C. 老年牛羊　　　　D. 不论年龄
3. 牛羊发生佝偻病的主要原因是( )。
A. 糖代谢障碍　　　　　　　　　　　B. 维生素 A、维生素 D 缺乏
C. 蛋白质不足　　　　　　　　　　　D. 维生素 B_1 缺乏
4. 骨软症是成年家畜由于( )不足或比例不当而引起的营养不良性慢性骨病。
A. 维生素 C　　　　　B. 糖　　　　　　C. 蛋白质　　　　　D. 钙、磷
5. 家畜钙、磷的适当比例为( )。
A. (1.5~2.5):1　　　B. 5:1　　　　　C. 10:1　　　　　D. 20:1
6. 在骨软症的症状叙述中,属于骨软症表现的是( )。
A. 狂暴不安　　　　　B. 转圈　　　　　C. 异食　　　　　D. 腹泻不止

四、判断正误(正确画"√",错的画"×")

1. 牛酮血病实验室检查血酮增高,血糖浓度下降。( )
2. 牛酮血病多见于雄性牛羊或阉割后的牛羊,高产乳牛和乳山羊很少发病。( )
3. 牛酮血病的病因是饲料中糖类物质含量过高,蛋白质和脂肪的含量不足。( )
4. 饲料中的钙、磷缺乏或比例不当是引起佝偻病的原因之一。( )
5. 佝偻病 X 射线诊断,骨质密度降低,长骨末端呈毛刷状或绒毛状外观。( )。
6. 骨软症与佝偻病比较,其临床表现相似,但发病年龄不同,骨软症主要发生在幼畜,佝偻病主要发生在成年家畜。( )

五、问答题

1. 引起牛酮血病的病因有哪些?
2. 牛酮血病的诊断要点有哪些?
3. 引起佝偻病的病因有哪些?

4. 为什么佝偻病在冬季发病较多?

5. 根据佝偻病的发病原因,谈谈在饲养管理方面应采取哪些措施来预防佝偻病的发生。

6. 引起牛羊骨软症的病因包括哪几类?

7. 怎样鉴别骨软症与佝偻病、风湿病、外伤或感染性肢蹄病?

8. 根据骨软症的发病原因,预防该病时在管理上应着重抓好哪些工作?

项目 *4*

牛羊常见中毒性疾病

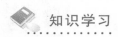 项目导入

　　中毒性疾病以群体发病为主,也常见个体发病。常因发病紧急来不及治疗或抢救措施不合理而引起病畜死亡,给牛羊养殖场造成严重经济损失。张辉实习小组通过实习,在孙老师指导下,将要学会牛羊中毒性疾病的临床检查,收集临床症状,通过与所学相关知识对照,学会正确诊断牛羊中毒性疾病,学会制订有效的防治措施,并参加中毒性疾病的抢救。

　　本项目将要学习8个任务:(1)牛羊中毒性疾病基础知识;(2)氟乙酰胺中毒;(3)尿素中毒;(4)有机磷农药中毒;(5)黑斑病红薯中毒;(6)马铃薯中毒;(7)氢氰酸中毒;(8)毒芹中毒。

任务4.1　牛羊中毒性疾病基础知识

任务目标

　　知识目标:掌握中毒性疾病的一般诊断方法,中毒性疾病的抢救原则。
　　技能目标:学会中毒性疾病的抢救组织与抢救操作技术。

知识学习

一、中毒的概念

　　毒物进入动物体内,引起相应的病理改变甚至危害生命的过程称为中毒。由毒物引起的家畜疾病称中毒性疾病(简称中毒病)。这里所说的中毒,主要指外源性毒物所引起的中毒,不包括体内因微生物感染而发生的肠毒血症、脓毒败血症,也不包括因代谢障碍而引起的自体酸中毒、碱中毒、酮血症等内源性中毒。

二、中毒的分类

按毒物的来源,中毒性疾病分为:有毒植物中毒、饲料中毒、农药中毒、化学物质中毒、药物中毒和有害气体中毒。

三、中毒病的一般症状

因毒物不同,各种毒物中毒后都各有自己特有的症状。但各种中毒病也有相似的一般症状。中毒病的一般症状可概括为:

(1) 发病急促,呕吐、腹泻、腹痛,采食和胃肠功能紊乱。反刍畜则有不同程度的臌气,反刍减少或停止。

(2) 有些中毒病畜有一定的神经症状,如异常兴奋或抑制、痉挛、麻痹。

(3) 多数中毒病畜心率加快,节律不齐,呼吸障碍。

(4) 可视黏膜发绀、瞳孔缩小或散大,体温正常或偏低。

四、中毒病的一般诊断方法

(一) 病史调查

向有关人员询问发病时间、地点、数量,发病后患畜的表现、死亡头数,是否经过抢救,用的什么药物,疗效怎样。还要向有关人员询问饲料的来源与种类,饲喂的时间与数量,饮水的来源与性状,饮水的方法与数量,近期是否进行过消毒、灭蚊蝇、灭鼠和预防性驱虫及药浴。周围邻居的家畜是否同时或先后发病。

(二) 现场调查

深入到发病现场,调查畜舍、运动场、饲料库是否存放过农药,饲料是否霉烂变质,饲料加工人员的情况,周围是否有工厂,其排放气体和污水的情况。还要考虑是否有人故意投毒。

(三) 病畜检查

要仔细检查病畜的临床症状。检查时要注意各系统的变化,从中查出各种中毒病的典型症状。

(四) 尸体剖检

如有已死亡的家畜,要进行尸体剖检。注意检查胃内容物的情况。检查消化管及其他器官的病理变化情况。剖检时要采集病料(胃内容物)做实验室检查。

以上 1~4 项检查过程中收集到的资料,要做好记录。

(五) 实验室检查

根据临床检查和尸体剖检提供的资料和初步诊断意向,有目的地确定实验室检查项目,进行实验室检查。

五、中毒病的抢救原则

(一) 脱离毒源

对中毒后的患畜和尚未出现症状的家畜,要立即转移,脱离现场,防止家畜继续与毒物接触。

（二）排出毒物

对尚未被吸收的毒物，要立即用洗胃、催吐、吸附、泻下等方法使毒物尽快排出体外。

（三）特异性解毒

对已被确定的毒物引起的中毒病，要根据毒物的物理和化学性质，应用特异性解毒药进行抢救治疗。

（四）一般抢救措施

一般抢救措施包括：保护性解毒、吸附解毒、沉淀解毒和对症治疗。

1. 保护性解毒

对严重损伤消化管黏膜的毒物引起的中毒病（如强酸、强碱、重金属）可内服黏浆剂保护消化管黏膜，如淀粉糊、豆浆、米汤。对严重损伤肝的毒物引起的中毒病，可静脉注射葡萄糖保护肝。

2. 吸附性解毒

对因生物碱和金属元素引起的中毒病，可内服药用炭吸附毒物，减少毒物吸收，然后内服泻剂将毒物排出。

3. 沉淀解毒

对因生物碱和金属毒物引起的中毒病，可内服牛奶、蛋清、绿豆浆、鞣酸蛋白、硫酸铜等将毒物沉淀。

4. 对症治疗

使用强心补液、镇静解痉、抗酸中毒等药物进行治疗。

（五）加强护理

保持病畜安静，给予富含维生素、蛋白质和糖的青绿饲草、优质饲料和清洁饮水。注意防暑、防寒，促进病畜早日康复。

六、中毒病的抢救程序

（1）接到中毒病例后首先向畜主询问病史。

（2）在询问病史过程中准备抢救器械和药品，并对病畜进行检查。采集病料送实验室检查，迅速做出正确诊断。

（3）洗胃，注射特异性解毒药。

（4）洗胃结束后灌服吸附药、泻药，然后进行输液。在输液中加入解毒药、能量制剂和强心利尿药，有肺水肿的加入脱水药。

（5）以上处理结束后，书写病历，填写病程记录。

（6）观察病情，按时使用解毒药，加强病畜护理。

七、中毒的特异性解毒药物

（1）有机磷农药中毒　阿托品、解磷定。

（2）巴比妥中毒　氯脂醒。

（3）安定中毒　镁解眠。

（4）一氧化碳中毒　氯脂醒。

（5）乙醇中毒　利他林（哌甲酯）、维生素 B_6、烟酸。

（6）砷制剂中毒　二巯丙醇。

（7）氰化物中毒　亚硝酸异酯、亚硝酸异戊酯、亚硝酸钠。

（8）亚硝酸盐中毒　亚甲蓝。

（9）蕈类中毒　阿托品、抗蕈血清。

 实验实训与案例分析

牛羊中毒性疾病抢救程序训练

今天孙老师把张辉实习小组的六位同学召集到一起，每人发给 2 张稿纸，告诉大家，中毒性疾病一般都比较紧急，大家都必须熟练掌握中毒性疾病的抢救程序，一旦接诊中毒性疾病，就要有条不紊地进行抢救，为病畜的康复争取时间。现在我要考一考大家，看你们掌握抢救程序的熟练程度。

接到稿纸后张辉迅速写道：

（1）接到中毒病例后，用简短的语言首先向畜主询问病史。

（2）在询问病史过程中准备抢救器械和药品，并对病畜进行检查，采集病料送实验室检查，迅速做出正确诊断。

（3）洗胃，注射特异性解毒药。

（4）洗胃结束后灌服吸附药，然后进行输液，在输液中加入解毒药、能量制剂和强心利尿药，有肺水肿的加入脱水药。

（5）以上处理结束后，书写病历，填写病程记录。

（6）观察病情，按时追用解毒药。

张辉用了 5 分钟答完卷子，交给孙老师，其他同学也紧随其后交了卷子，孙老师对卷子进行了批改。结果六位同学中张辉等五位 100 分，一位 98 分。孙老师对大家的学习成果进行了表扬。

 随堂练习

1. 中毒病的一般症状有哪些？
2. 中毒病的一般诊断方法包括哪几方面？
3. 中毒病的抢救原则包括哪几方面？
4. 怎样确定中毒病的抢救程序？

任务 4.2　氟乙酰胺中毒

 **任务目标**

知识目标：掌握氟乙酰胺中毒的病因、症状、诊断和防治知识。

技能目标：学会根据资料正确诊断氟乙酰胺中毒，制订合理的防治措施。

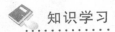 知识学习

一、概述

氟乙酰胺中毒是家畜食入了氟乙酰胺而引起的中毒性疾病，以剧烈的抽搐、惊厥、角弓反张和急性死亡为特征。

二、病因

家畜误食了用氟乙酰胺处理或污染了的饲料、种子、牧草、饮水或误食了氟乙酰胺鼠药。

三、症状

牛羊氟乙酰胺中毒临床上分为急发型和缓发型两种类型。

（一）急发型

无明显的前驱症状，牛羊突然倒地，剧烈抽搐，惊厥，呈角弓反张姿势，很快死亡；有的发作后可暂时缓解，卧地或站立战栗，短时间内又重新发作，在反复发作中死亡。

（二）缓发型

病畜食欲减退，反刍停止，离群依墙站立；有的可逐渐康复，有的在静卧中或发作中死亡。病程 3～5 d，反复发作；常因外界刺激或不明原因突然发作，表现为惊恐、尖叫、狂奔、全身战栗、呼吸急促，持续 3～5 min 后逐渐缓解，严重者持续时间长或不缓解，可因心力衰竭而死亡。

四、诊断

根据临床症状和病史可做出诊断。

五、防治措施

（一）预防

（1）加强农药和鼠药管理，晚上布放的鼠药白天要收回，不让牛羊误食毒饵。

（2）不到喷洒过氟乙酰胺的草场或布放鼠药的草场放牧。

（二）治疗

（1）脱离毒源　立即将病畜转移现场，更换可疑的饲料和饮水。

（2）洗胃　经皮肤中毒的立即用清水洗刷。经口服中毒者，先用 1：5 000 高锰酸钾溶液 5 000～10 000 mL 洗胃，然后灌服蛋清或氢氧化铝胶保护胃黏膜，最后灌服硫酸钠或硫酸镁泻下。

（3）药物解毒　肌内注射解氟灵（乙酰胺），牛羊每日每千克体重 0.1 g。首次用每日药量的一半，剩余的分 2～3 次用完，直至症状消失。

（4）内服吸附药　口服醋精（乙二醇酸酯），牛 100 mL 溶于 500 mL 水中内服；羊 30 ~ 50 mL 溶于 200 ~ 300 mL 水中内服。每天一次，或用 5% 乙醇和 5% 食醋每千克体重各 2 mL 内服。

（5）对症治疗　用氯丙嗪或静松灵镇静。氯丙嗪，牛 10 ~ 15 mL，羊 3 ~ 5 mL；静松灵，牛 3 ~ 5 mL，羊 1 ~ 3 mL。用尼可刹米解除呼吸抑制，牛 10 ~ 20 mL，羊 5 ~ 10 mL。用葡萄糖酸钙静脉注射解除痉挛，牛 80 ~ 100 mL，羊 30 ~ 50 mL。

 实验实训与案例分析

案例分析

小王庄王五给孙老师打来告急电话，说他的 5 只羊突然发病，请孙老师赶紧到他家给予治疗。孙老师带领张辉实习小组紧急赶到王五家，只见 5 只羊都倒在地上剧烈抽搐、惊厥，呈角弓反张姿势，呼吸急促，有的羊哞叫。3 ~ 5 min 后缓解，过一会儿又重新发作。在观察病羊的同时，王五告诉他们，今天上午他赶着羊到路边放牧，羊不时跑到麦田里吃麦苗，回家后羊突然发病。他问过路边麦田的主人，得知麦田前两天喷洒了氟乙酰胺农药。综上所述，王五家的羊被确诊为氟乙酰胺中毒。

孙老师立即组织抢救，让张辉给羊肌内注射解氟灵，每只羊 1 g。让王亮、李明配制 1 : 5 000 高锰酸钾水溶液洗胃。让赵军给羊肌内注射氯丙嗪，每只羊 5 mL，尼可刹米每只羊 5 mL，解除呼吸抑制。让陈霞、朱超准备给病羊静脉注射葡萄糖酸钙解除痉挛，每只羊 40 mL。又让李明给每只羊灌服鸡蛋清 5 个，保护胃黏膜，灌服 5% 硫酸镁溶液，每只羊 250 mL，促进消化道毒物迅速排出。全部抢救工作结束后约半小时，病羊临床症状消失，全部站立起来。孙老师又让大家注意观察病羊反应，让张辉每隔 2 h 补充注射解氟灵 1 次，每只羊 0.5 g。

次日回访，王五家的 5 只羊全部康复。

 **随堂练习**

1. 牛羊氟乙酰胺中毒有哪些症状？
2. 怎样防治牛羊氟乙酰胺中毒？

任务 4.3　尿素中毒

任务目标

知识目标：掌握尿素中毒的病因、症状、诊断和防治知识。

技能目标：学会根据资料正确诊断尿素中毒，制订合理的防治措施。

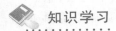 知识学习

一、概述

尿素中毒是因对尿素管理不当使牛羊误食,或喂给牛羊尿素时方法不当或用量过多,而使牛羊发生中毒,以发病急促、全身痉挛、呼吸困难、出汗和瞳孔散大为特征。

二、症状

(1)发病急促,在牛羊食入尿素后30~60 min突然发病。

(2)病畜呻吟不安,肌肉震颤,行走时步态踉跄,全身痉挛,呼吸困难,心率加快(>100次/min),口鼻处流出泡沫。

(3)后期全身出汗,瞳孔散大,肛门松弛。

(4)羊尿素中毒时,反刍停止,瘤胃臌胀,鼻唇及全身痉挛,呈角弓反张姿势,眼球震颤,不能站立,严重者迅速死亡。

三、诊断

(1)根据病畜吃过尿素和临床症状可做出初步诊断。

(2)实验室测定血氨氮值,每百升血超过2 mg时即可确诊。

四、防治措施

(一)预防

(1)加强尿素管理,不在畜舍存放尿素。在施用尿素时,要随时把尿素袋口扎好,不让牛羊误吃。

(2)在给牛羊喂饲尿素时,要严格控制用量,充分搅拌均匀。在给牛羊添加尿素时,应控制在全部饲料干物质总量的1%以下,或精料的3%以下。成年牛全天以200~300 g,羊以20~30 g为宜。不能把尿素加入饮水中饮服。

(二)抢救

(1)灌服食醋、糖、甲醛混合溶液　食醋1 000 mL、糖500~1 000 g、甲醛溶液20 mL,加水1 000 mL。每2~4 h内服一次。

(2)强心补液　葡萄糖酸钙50~100 mL溶解于10%或25%葡萄糖注射液1 000~1 500 mL中,静脉输入。

实验实训与案例分析

案例分析

大李庄李四在电视上看到,给牛喂尿素可以育肥。早晨,他把500 g尿素溶解在水里,一次

给牛饮服。饮水后 30 min,牛突然发病。李四赶快给孙老师打电话请求帮助治疗。孙老师带领张辉实习小组来到李四家里,只见病牛肌肉震颤,卧地不起,口鼻处流泡沫样液体,呼吸困难。李四告诉孙老师今天早上他把 500 g 尿素溶在水里,一次给牛饮服。孙老师确定李四的牛是尿素中毒,立即组织抢救。

（1）食醋 1 000 mL、白糖 1 000 g、甲醛溶液 20 mL 加水 1 000 mL,一次内服,此后每 2 h 灌服一次,连服 3 次。

（2）静脉输液,10% 葡萄糖注射液 1 500 mL,加葡萄糖酸钙 100 mL。到下午病牛已经站起,临床症状消失,基本康复。

孙老师还叮嘱李四,饲喂尿素要严格控制用量,成年牛全天不能超过 300 g,切不可过量,且不能把尿素加入水中饮服。

随堂练习

1. 尿素中毒有哪些临床症状?
2. 怎样防治尿素中毒?

任务 4.4　有机磷农药中毒

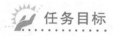

任务目标

知识目标:掌握有机磷农药中毒的症状、诊断和抢救知识。

技能目标:学会根据资料正确诊断有机磷农药中毒,学会有机磷农药中毒的抢救技术。

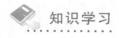

知识学习

一、概述

有机磷农药中毒是因牛羊吃了喷洒过有机磷农药的饲草或浸拌过有机磷农药的种子,或拌过有机磷农药的毒饵,或用有机磷农药驱杀体内外寄生虫、治疗皮肤病而引起的中毒性疾病,以流涎吐沫、肌肉震颤、兴奋不安、瞳孔缩小为特征。

二、症状

（1）流涎、吐沫,食欲减退或废绝,排粪次数增多,腹泻,出汗,呼吸与心跳增速。

（2）肌肉震颤,兴奋不安,瞳孔缩小,视力减弱。最后昏迷倒地,大小便失禁。

三、诊断

（1）根据临床症状,尸体剖检胃内容物呈蒜臭味,可做出初步诊断。

（2）实验室诊断。可用胆碱酯酶活性试验或毒物检验确诊。

四、防治措施

（一）预防

（1）加强农药管理，不在畜舍内存放农药，严防恶意投毒。

（2）加强农药使用知识的宣传，提高群众安全使用农药的知识与技术。

（3）不到喷洒过农药的草地放牧，不用喷洒过农药的饲草喂牛羊。

（二）抢救

（1）肌内注射乙酰胆碱拮抗剂　用阿托品，牛为每次 50～100 mg，羊为每次 10～20 mg。应尽早用阿托品控制症状。每隔 1～2 h 重复一次。阿托品的极量为牛每次 100 mg，羊每次 50 mg。在用阿托品时不可超过极量。

（2）肌内或静脉注射胆碱酯酶复活剂　用解磷定、双复磷、氯解磷定和双解磷。静脉注射时，加入葡萄糖氯化钠注射液中。解磷定每次每千克体重 15～30 mg，每隔 2～3 h 重复一次。

（3）强心补液、护肝　可与解磷定结合使用。在使用葡萄糖氯化钠和解磷定的同时，加入 10% 或 20% 安钠咖 10～20 mL。

（4）对症治疗　根据病情酌情使用呼吸中枢兴奋药、镇静解痉药和抗感染药。

（5）冲洗及灌服　如中毒因经皮肤吸收而引起，可用肥皂水或 5% 碳酸氢钠溶液冲洗皮肤（敌百虫中毒除外）。如经口中毒，可灌服 2%～5% 碳酸氢钠溶液 3 000～4 000 mL。

 实验实训与案例分析

有机磷中毒抢救训练

1. 目的要求

掌握有机磷中毒的抢救程序和抢救技术。

2. 设备、试剂和材料

每组 20～30 kg 羊 1 只，精制敌百虫片 1 瓶，胃管 1 条，开口器 1 个，脸盆 1 个，一次性输液管 2 条，静脉注射针头 2～3 个，20 mL 注射器 3 把，肌内注射针头 5～10 个，书夹 2 个，剪毛剪 1 把，1 mg×10 支阿托品 10 盒，0.25 g×5 支解磷定注射液 5 盒，10% 葡萄糖注射液 5 瓶，2 mL×10 支氯丙嗪 5 盒，2 mL×10 支尼可刹米 5 盒，10 mL×5 支维生素 C 3 盒，消毒乙醇棉球 1 瓶，温水 2 000 mL。

3. 方法步骤

（1）人员组织　每 5 人为一组，其中一人为主治兽医，三人为助理兽医，一人为假设畜主。主治兽医负责抢救的全面指挥，检查病羊，开写处方，并记录病历。助理兽医负责给药。畜主负责介绍病史，保定病羊。

（2）实验过程　在教师指导下，由学生操作。

① 人工中毒　称量实验用羊体重，主治兽医对羊进行全面检查，将体重和检查结果记入病历。按绵羊每千克体重 120 mg，山羊每千克体重 100 mg，计算出所需敌百虫量称取敌百虫，溶于

500 mL温水中。给羊固定好开口器,用胃管将敌百虫液一次灌服。灌药后记录时间,并观察羊的反应,当羊出现口流泡沫、瞳孔缩小、不安、肌肉震颤时,即视为中毒。

②抢救　主治兽医对羊进行全面检查,做出诊断,开写处方。指挥助理兽医准备抢救药品,开始抢救,抢救工作要紧张有序地进行。

首先由第一名助理兽医给病羊肌内注射阿托品20 mg,第二名助理兽医向葡萄糖瓶中加解磷定30 mg、维生素C 10 mL,插上输液管,排空管中空气。第三名助理兽医对病羊颈静脉处剪毛消毒,将静脉针头刺入颈静脉,接上输液管,调整输液速度(以不直流,能看到液滴为宜),进行输液。

输液过程中,主治兽医随时注意观察病情。如病羊呼吸困难,由第一名助理兽医给病羊肌内注射尼可刹米10 mL;如病羊全身痉挛严重,由第一名助理兽医给病羊肌内注射氯丙嗪5 mL,如病羊瞳孔没有散大,仍口流泡沫,追加注射阿托品5~10 mg。

输液结束后,由主治兽医再对病羊进行一次全面检查,并将检查结果记入病历。此后每隔2~3 h用药一次,直至治愈。

4. 作业

每人写1份实习报告。

随堂练习

1. 有机磷农药中毒的症状有哪些?
2. 怎样抢救有机磷农药中毒病畜?
3. 陈三家饲养了5只羊,今天上午到棉花地边的草地上放牧。回家后半小时,5只羊先后发病。病羊表现为:吐沫流涎,开始排粪次数增多,以后腹泻。肌肉震颤,兴奋不安,呼吸加快,瞳孔缩小。请你诊断陈三家的羊得的是什么病,指出如何进行抢救,并制订一套防治方案。

任务4.5　黑斑病红薯中毒

任务目标

知识目标:掌握黑斑病红薯中毒的症状、诊断和防治知识。

技能目标:学会根据资料正确诊断黑斑病红薯中毒,制订合理的防治措施。

知识学习

一、概述

黑斑病红薯中毒是牛羊吃了黑斑病红薯或带有黑斑病的红薯干、红薯秧、红薯渣而引起的中毒性疾病,以喘气和肩、背部皮下气肿为特征。

二、症状

（1）喘气为本病的典型症状。病初呼吸加快而浅表，继而张口喘气。头颈伸直，舌伸出口外，呼吸数可达 80～100 次/min 或以上。病牛常伴随呼吸发出"吭吭"声。

（2）精神沉郁，食欲废绝，反刍停止，流涎、流鼻液，涎带有泡沫，常挂在口角上、体温正常。

（3）肌肉震颤，结膜潮红，瞳孔散大，大便干燥，呈黑色。

（4）中后期因肺泡破裂而发生肩、背部皮下气肿，按压有捻发音。肺区听诊有强烈的支气管呼吸音和湿性啰音。

三、诊断

根据临床症状和病史可做出诊断。

四、防治措施

（一）预防

（1）对红薯采取药物保鲜法贮藏，防止红薯发生黑斑病。

（2）广泛宣传红薯黑斑病对家畜的危害知识。不用带有黑斑病的红薯、红薯干、红薯秧及其加工副产品喂牛羊。

（3）对黑斑病红薯、苗床烂薯加强管理，不随意乱扔，集中进行处理。

（二）治疗

（1）排除毒物　可内服泻剂，促使毒物尽快排出。用硫酸镁 500 g，加水 3 000～5 000 mL 一次内服。

（2）破坏毒物　内服 0.1% 高锰酸钾溶液 2 000～3 000 mL。

（3）放血　牛可颈静脉放血 1 000～1 500 mL，放血后输入葡萄糖氯化钠注射液 3 000～4 000 mL，输液时加入 5% 或 20% 硫代硫酸钠注射液 100～200 mL，10% 或 20% 安钠咖 10～20 mL，5% 碳酸氢钠注射液 1 000 mL。

（4）过氧化氢 50～100 mL，加入 10% 葡萄糖注射液缓慢静脉滴注。每天 2 次。

（5）解除酸中毒　静脉注射 5% 碳酸氢钠注射液 500～1 000 mL。

（6）缓解呼吸困难　肌内注射地塞米松、氨茶碱或尼可刹米，以缓解呼吸困难。

（7）内服中药　甘草 250 g、明矾 200 g、蜂蜜 1 000 g，每天 1 次，连服 3 d。或猫儿眼草 250 g、煤 500 g、柏树叶 500 g。先将柏树叶碾碎与猫儿眼、煤混合，加水 5 000 mL 煎汁 1 次内服。此方常可挽救危重病牛。每天 1 次，连服 3 d。

实验实训与案例分析

案例分析

东黄庄 6 组翟春家的牛突然发病，翟春给孙老师打电话请求帮助治疗。孙老师带领张辉实习小组来到翟春家，穿好防护服，戴上口罩和手套，听取翟春介绍情况。他家贮藏的红薯大部分发生了黑斑,他把削掉的红薯皮倒进牛槽里让牛吃了。到今天已经 3 天。张辉实习小组对病牛进行了临床检查。只见病牛喘气每分钟可达 80 次以上。病牛不断地发出"吭吭"声。头颈伸直,舌伸出口外。病牛食欲废绝,精神沉郁,反刍停止,体温正常。肺部听诊有强烈的支气管呼吸音和湿性啰音。临床检查后大家对病例进行分析。

分析认为,翟春家的牛吃过黑斑病红薯,临床症状与课本上学过的黑斑病红薯中毒吻合,确诊为黑斑病红薯中毒。经过充分讨论,制订治疗方案如下:

（1）内服 10% 硫酸镁水溶液 4 000 mL,促进消化道内容物尽快排出。

（2）破坏毒物,内服 0.1% 高锰酸钾水溶液 3 000 mL。

（3）放血,颈静脉放血 1 000 mL,放血后静脉输入葡萄糖氯化钠注射液 3 000 mL。输液时加入 20% 硫代硫酸钠注射液 200 mL,10% 安钠咖 10 mL,5% 碳酸氢钠注射液 1 000 mL。

（4）肌内注射地塞米松 10 mL,以缓解呼吸困难。

（5）内服中药,药方和用法见本任务"知识学习"相关内容。

最后,孙老师叮嘱翟春,以后不让牛吃黑斑病红薯、红薯芽和红薯制品下脚料。

5 天后回访,翟春家的牛已经康复。

随堂练习

1. 黑斑病红薯中毒有哪些症状?

2. 怎样防治黑斑病红薯中毒?

任务 4.6　马铃薯中毒

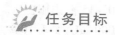

任务目标

知识目标:掌握马铃薯中毒的症状、诊断和防治知识。

技能目标:学会根据资料正确诊断马铃薯中毒,制订合理的防治措施。

知识学习

一、概述

马铃薯中毒是因牛羊吃了大量的马铃薯幼芽,马铃薯花或腐烂、发霉的马铃薯块根引起的中毒性疾病,以消化功能和神经功能紊乱为特征。

马铃薯中毒是以马铃薯素、硝酸盐和腐败毒的综合作用引起的中毒。马铃薯素和硝酸盐主要存在于马铃薯的幼芽、叶茎和花内。腐败毒主要存在于腐烂、发霉的马铃薯块根内。当马铃薯发芽、变质和腐烂时,马铃薯素的含量也显著升高(芽内含量由 0.5% 增至 4.76%,块根内的含量由 0.04% 增至 0.58% ~ 0.84%)。

二、症状

（1）病初兴奋不安，向前冲撞。继而转为精神沉郁，运动障碍，共济失调，后躯无力，甚至麻痹。结膜发绀，瞳孔散大，呼吸和心跳减弱。全身痉挛，2～3 d 死亡。

（2）病畜有明显的胃肠炎症状。食欲减退或废绝，反刍停止，流涎，剧烈腹泻，粪便中混有血液。

（3）在唇周围、肛门、尾根和四肢系部，母畜的乳房和阴门周围发生湿疹和水疱性皮炎。四肢深层组织发生坏疽。绵羊发生贫血和尿毒症。

三、诊断

根据临床症状和病史可做出诊断。

四、防治措施

（一）预防

（1）饲喂马铃薯的量不要太大，且应由少到多逐渐增加。

（2）不用发芽或腐烂的马铃薯喂牛羊，或把幼芽除掉后饲喂。

（二）治疗

（1）当疑为马铃薯中毒时，立即停喂。

（2）内服 0.1% 高锰酸钾溶液 2 000～3 000 mL，破坏毒素。

（3）内服泻剂，促进毒物尽快排出，用硫酸镁 500 g 加水 2 000～3 000 mL 内服。

（4）神经症状明显的，用镇静药，2.5% 氯丙嗪注射液 10～20 mL 肌内注射，或用静松灵注射液 2～3 mL 肌内注射。

（5）胃肠炎症状明显的，可内服黏膜保护药，用鞣酸蛋白加水灌服。应用抗菌药注射或内服。肌内注射氟哌酸注射液，牛 40～50 mL，羊 10～20 mL。磺胺脒，牛 30～40 g，羊 10～15 g，内服。

（6）对症治疗　强心补液解除酸中毒。用葡萄糖氯化钠注射液 1 500～3 000 mL，加入 10% 或 20% 安钠咖 10～20 mL、5% 碳酸氢钠溶液 500～1 000 mL，一次静脉注射。

实验实训与案例分析

案例分析

孙庄孙丁家的牛发生了疾病，孙丁给孙老师打电话，请孙老师帮助治疗。孙老师带领张辉实习小组来到孙丁家，穿好防护服，戴上口罩和手套后，听取孙丁介绍情况。他去年贮藏的马铃薯一冬天没有卖完，进入 5 月份以来，马铃薯已经发芽，有的开始腐烂。孙丁把马铃薯喂牛。听罢孙丁介绍，张辉实习小组对病牛进行了临床检查。只见病牛兴奋不安，直向前冲，行走如同醉酒。剧烈腹泻，粪便中带血。食欲废绝，反刍停止，流涎。检查后大家对病例进行分析。

分析认为，孙丁家的牛前些天喂过发芽腐烂的马铃薯，根据临床症状对照学过的相关知识，孙丁家的牛确诊为马铃薯中毒。经过讨论制订防治方案如下：

（1）停止饲喂发芽腐烂的马铃薯。

（2）内服 0.1% 高锰酸钾水溶液 3 000 mL，破坏毒素。

（3）内服 10% 硫酸镁水溶液 3 000 mL，促进消化道内容物尽快排出。

（4）肌内注射 2.5% 氯丙嗪注射液 20 mL。

（5）视神经症状或胃肠炎症状，根据"知识学习"内容口服或注射相关药物。

（6）静脉注射葡萄糖氯化钠注射液 3 000 mL，加入安钠咖 20 mL、5% 碳酸氢钠注射液 1 000 mL，每天 1 次，连用 3 ~ 4 d。

一周后回访，孙丁家的牛基本康复。

随堂练习

1. 马铃薯中毒的症状有哪些？
2. 怎样防治马铃薯中毒？

任务 4.7　氢氰酸中毒

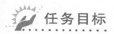

任务目标

知识目标：掌握氢氰酸中毒的病因、症状、诊断和防治知识。

技能目标：学会根据资料正确诊断氢氰酸中毒，制订合理的防治措施。

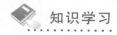

知识学习

一、概述

氢氰酸中毒是牛羊采食含有氢氰酸的植物或食入氰化物而引起的中毒性疾病，以突然发病、呼吸困难、四肢痉挛、惊厥和迅速死亡为特征。

二、病因

牛羊采食了高粱、玉米的幼苗，或采食南瓜藤、苦杏仁、三叶草、木薯、桃仁、亚麻仁、枇杷仁等含有氢氰酸的植物、植物种子或误食氰化物引起中毒。

三、症状

（1）突然发病，腹痛，起卧不安，呼吸困难，张口伸颈，呼出气体有苦杏仁味。

（2）黏膜潮红，眼球外突，瞳孔先缩小，后散大。

（3）倒地不起，四肢痉挛，牙关紧闭。可因呼吸麻痹在 3 ~ 5 min 内死亡。

四、剖检病变

尸体呈鲜红色，体腔和心包腔内有浆液性渗出液。实质器官变性。肺水肿，气管和支气管内有大量泡沫样液体及不易凝固的血液。胃肠黏膜和浆膜有出血,胃内容物有苦杏仁味。

五、诊断

（1）根据临床症状和病史及剖检时尸体呈鲜红色、有苦杏仁味做出诊断。

（2）必要时可做实验室检查,用普鲁士蓝法和苦味酸法可以确诊。

六、防治措施

（一）预防

（1）不让牛羊采食含有氢氰酸的植物和植物种子。

（2）加强氰化物的管理,防止牛羊误食。防止故意投毒。

（二）抢救

多数家畜来不及治疗。如有治疗机会,采用以下疗法：

（1）药物解毒

① 0.1% 亚硝酸钠注射液,按每千克体重 1 mL,加入 10% 或 25% 葡萄糖注射液中静脉注射。

② 5% 或 10% 硫代硫酸钠注射液,按每千克体重 1 ~ 2 mL,加入 10% 或 25% 葡萄糖注射液中,在亚硝酸钠注射完后紧接着静脉注射。

③ 亚甲蓝,按每千克体重 10 mL,加入 10% 或 25% 葡萄糖注射液中静脉注射。

（2）洗胃　用0.1% ~ 0.5% 高锰酸钾溶液洗胃,破坏毒物。

实验实训与案例分析

案例分析

刘庄刘琳家的高粱收获后,地里长满了高粱苗。刘淋把自家的 5 只羊赶到地里放牧。约 20 min 后,突然发现羊只先后倒地,腹痛不安,呼吸困难,四肢痉挛,哞叫,眼球外翻,牙关紧闭。刘琳给孙老师打来告紧电话,请求孙老师赶快到刘庄给予抢救。孙老师带领张辉实习小组火速赶到刘琳家的高粱地,羊已全部死亡。刘琳介绍了羊死前的症状,请求帮助诊断她的羊发的是什么病,以后怎样预防。

穿好防护服,戴上口罩和手套后,孙老师指导张辉实习小组,对尸体进行了剖检。可见全尸鲜红色;体腔和心包内有浆液性渗出液;实质器官变性,肺水肿,气管和支气管内有大量泡沫样液体及不凝固的血液;胃肠黏膜和浆膜出血,胃内容物有苦杏仁味。剖检后大家对病例进行分析。

分析认为,根据刘琳介绍的羊生前症状和剖检病变,尸体鲜红色,有苦杏仁味,刘琳家的羊诊断为氢氰酸中毒。

孙老师告诉刘琳,今后不要再到高粱芽、玉米芽地里放羊,也不要让羊吃食南瓜藤、苦杏仁、桃红等含有氢氰酸的植物,避免引起中毒。

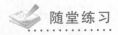

随堂练习

1. 氢氰酸中毒的病因是什么？

2. 氢氰酸中毒有哪些临床症状?

任务4.8　毒芹中毒

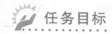

任务目标

知识目标：掌握毒芹中毒的症状、诊断和防治知识。

技能目标：学会根据资料正确诊断毒芹中毒，制订合理的防治措施。

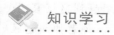

知识学习

一、概述

毒芹中毒是牛羊采食了毒芹的根茎而引起的中毒性疾病，以神经机能紊乱和腹痛、腹泻为特征。

毒芹所含的有毒物质为毒芹素，存在于毒芹的各个部位，以干燥根茎含量最高。毒芹的致死量牛为 200～500 g，羊为 60～80 g。毒芹素主要作用于中枢神经系统的延髓和脊髓部位，引起神经机能紊乱。

二、症状

（1）牛羊采食毒芹后 2～3 h 出现神经症状，表现为兴奋不安，全身强直性痉挛，病畜倒地，四肢蹬直，头往后仰，牙关紧闭。

（2）食欲废绝，反刍停止，流涎，瘤胃臌气，腹痛，腹泻。

（3）呼吸和心跳加快，体温升高，瞳孔散大，最后由于呼吸中枢麻痹而死亡。

三、诊断

根据临床症状和牧草地毒芹调查可做出诊断。

四、防治措施

（一）预防

（1）放牧前对牧草地先进行调查，确认无毒芹生长方可放牧。

（2）如牧草地毒芹数量较少，可先行人工割除，集中处理后再放牧。

（二）治疗

（1）用 0.5%～1% 鞣酸溶液或 5%～10% 活性炭溶液洗胃，每半小时一次，每次用 3 000～5 000 mL。

（2）内服碘溶液（碘 1 g，碘化钾 2 g，水 1 500 mL），牛 200～500 mL，羊 100～200 mL。2～3 h 服一次。

（3）用氯丙嗪、硫酸镁、静松灵镇静解痉。氯丙嗪牛用 10～15 mL，静松灵 2～3 mL 肌内注射。25% 硫酸镁牛用 50～100 mL 加入葡萄糖氯化钠注射液中静脉注射。

（4）应用 5%～10% 盐酸溶液内服可获得良好的效果，牛为 500～1 000 mL，羊为 250 mL，羔羊为 100～200 mL。

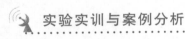 **实验实训与案例分析**

案例分析

赵庄赵三今天上午赶着自家的羊到河边放牧，中午回来后发现有 3 只羊突然倒地，四肢蹬直。赵三给孙老师打来告急电话，请孙老师帮助治疗。孙老师带领张辉实习小组赶到赵三家，只见有 3 只羊倒在地上，四肢蹬直，兴奋不安，头往后仰，牙关紧闭，瘤胃臌气，腹泻。孙老师问赵三今天在哪里放牧，赵三说就在距此 400 m 左右的河边。孙老师怀疑中毒，就让 100 m 赛跑冠军王亮跑过去对放牧地进行查看。同时让张辉等人准备抢救器械、药品。王亮回来后说，河边长着很多毒芹。赵三的羊初步诊断为毒芹中毒。孙老师立即组织抢救。孙老师让张辉和王亮配制 10% 活性炭溶液 15 000 mL 洗胃，每次用 3 000 mL，半小时洗胃 1 次，共洗胃 3 次。让李明、赵军配制碘溶液 600 mL，准备给羊内服。碘溶液为碘片 1 g、碘化钾 2 g 加水 1 500 mL。让陈霞、朱超给病羊肌内注射氯丙嗪，每只羊 4 mL，解痉。静脉输液，用葡萄糖氯化钠注射液，每只羊 250 mL。一切工作结束后，孙老师又让李明、赵军给每只羊内服 5% 盐酸水溶液，每只羊 250 mL。

各项抢救工作结束后病羊症状逐渐好转，2 h 后病羊站起来自由运动，基本康复。

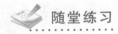 **随堂练习**

1．毒芹中毒有哪些特征？
2．毒芹中毒的临床症状有哪些？

知 识 拓 展

一、酒糟中毒

酒糟中毒是家畜长期采食大量酒糟而引起的中毒性疾病，以兴奋不安和胃肠炎为特征。

酒糟中毒是多种毒素综合作用的结果，既包括发酵产生的各种游离酸（醋酸、乳酸、酪酸）和杂醇（正丙醇、异丁醇、异戊醇），又包括原料中的有毒物质（马铃薯毒、黑斑病红薯毒、麦角毒）。长期或大量饲喂酒糟，常常引起家畜中毒。

（一）症状

（1）病初兴奋不安，呼吸和心跳加快，行走时摇晃，严重时卧地不起。

（2）食欲减退或废绝，腹痛，腹泻。

（3）慢性中毒的可视黏膜潮红或黄染，皮肤发生疹块、水肿或坏死，牙齿松动。

（二）诊断

根据临床症状和饲喂酒糟情况可做出诊断。

（三）防治措施

1. 预防

（1）饲喂酒糟时,喂量不要太大,要与其他饲料搭配,酒糟比例要低于 1/3。

（2）妥善贮藏酒糟,发霉变质的酒糟不能用作肥料,不能喂牛。

2. 治疗

（1）用 5% 碳酸氢钠溶液内服,每次 2 000～3 000 mL,每天 1～2 次,连服 3 d。

（2）对症治疗　强心利尿补液缓解呼吸障碍,牛用葡萄糖氯化钠注射液 1 500～2 000 mL,加入 10%～20% 安钠咖 10～20 mL,一次静脉注射,每天 1～2 次。用樟脑注射液 10～20 mL 一次肌内注射或尼可刹米 10～15 mL 一次肌内注射。

二、闹羊花中毒

闹羊花中毒是牛羊采食了闹羊花的叶和花而引起的中毒性疾病,以血压降低和呼吸抑制为特征。

闹羊花的叶和花中含有梫木毒素、杜鹃花素和石楠素。牛羊在放牧中采食闹羊花后 4～5 h 发生中毒。

（一）症状

（1）口流泡沫,出现喷射状呕吐,腹痛,腹泻。

（2）血压下降,体温降低,呼吸急促,精神沉郁,站立时四肢叉开,行走时步态不稳,严重时倒地不起,四肢麻痹。严重者可因呼吸中枢麻痹死亡。

（二）诊断

根据临床症状和采食闹羊花病史可做出诊断。

（三）防治措施

（1）春季不到有闹羊花的草地放牧,防止牛羊采食闹羊花而引起中毒。

（2）发病后可用阿托品抢救,以缓解呼吸困难,阻止对毒物的吸收。阿托品用量为牛 50～100 mg,羊 10～20 mg。

（3）对症治疗　用 10% 或 50% 葡萄糖注射液 1 500～2 000 mL 加 10% 或 20% 安钠咖 10～20 mL,维生素 C 1～3 g,三磷酸腺苷 10～20 mL,一次静脉注射。每天 2～3 次。

三、棘豆草中毒

棘豆草中毒是牛羊采食了小花棘豆或黄花棘豆而引起的慢性中毒性疾病,以神经机能紊乱、贫血、水肿为特征。

棘豆草有数百种,其中部分棘豆草有毒,以小花棘豆和黄花棘豆的毒性最强,小花棘豆全株含毒,在整个生长期有毒,以花期毒性最强。

（一）症状

（1）羊中毒后精神沉郁,弓背站立,行走时呈盲目运动,后肢僵硬。严重中毒者卧地不起,强行站立时则后肢弯曲外展,斜行,倒地后角弓反张,头部抽搐。

（2）牛中毒后呈渐进性消瘦,四肢僵硬,行走不稳,下腭浮肿,瞳孔散大。

（二）诊断

根据临床症状和长期采食棘豆草病史可做出诊断。

（三）防治措施

（1）人工铲除草场中的棘豆草,严禁牛羊采食棘豆草。

（2）中毒后首先内服盐类泻剂,促进毒物排出。

（3）10%或25%葡萄糖注射液,羊500~1 000 mL,加入15%硫代硫酸钠溶液40 mL,一次静脉注射。

（4）毛果芸香碱,牛2~5 mL皮下或肌内注射。

四、饲料性酸中毒

饲料性酸中毒是牛羊采食了大量的精饲料而引起的中毒性疾病。以瘤胃积食和瘤胃积水为特征。

饲料性酸中毒是过多的精饲料在瘤胃中发酵所产生的各种游离酸（醋酸、乳酸、酪酸）被吸收后,引起血液酸度升高,继而出现一系列临床症状而发病。本病多发生于高产乳牛和肉牛,羊多因偷吃了多量的粮食,如面粉和馒头。如果治疗不适当或用药不合理,常在一周内死亡。

（一）症状

（1）病初精神沉郁,食欲废绝,瘤胃蠕动减弱或废绝,反刍停止。呼吸粗厉。可视黏膜发绀,瘤胃积食,触压呈生面团状。

（2）随着病程的延长,饮欲增加,精神高度沉郁,病牛卧地不起,呻吟,心跳和呼吸加快。瘤胃积水,触压或用拳头冲击瘤胃,呈水袋状。

（二）诊断

根据采食精料量和临床症状,可做出诊断。临床通常采用胃内容物pH试纸检查法,如pH在6以下,即可视为酸中毒。

（三）防治措施

1. 预防

（1）对高产乳牛和肉牛增加精料时,要做到由少到多,逐渐适应,不可突然增加。尤其是高产乳牛每日精料喂量在10 kg以上者,更应特别注意。还可在精料中加入适量的碳酸氢钠,每头牛每天150 g,每只羊每天30 g,以中和胃酸。

（2）对羊要注意看管,不在羊舍附近存放粮食,防止被羊偷食。

2. 治疗

治疗原则为中和胃及血液中的酸度,兴奋瘤胃蠕动,强心补液。

（1）牛,碳酸氢钠粉100~150 g,姜酊30~50 mL,大蒜酊50~100 mL,酵母片200~300片,加水500~1 000 mL,一次内服。每日1~2次,连用2~3 d。羊用1/3量。

（2）5%碳酸氢钠注射液牛2 000~3 000 mL,羊300~500 mL;生理盐水牛1 000~

1 500 mL，羊 500 ~ 1 000 mL；10% 安钠咖注射液牛 10 ~ 20 mL，羊 3 ~ 5 mL；一次缓慢静脉滴注，每日 1 ~ 2 次，连用 2 ~ 3 d。

项 目 小 结

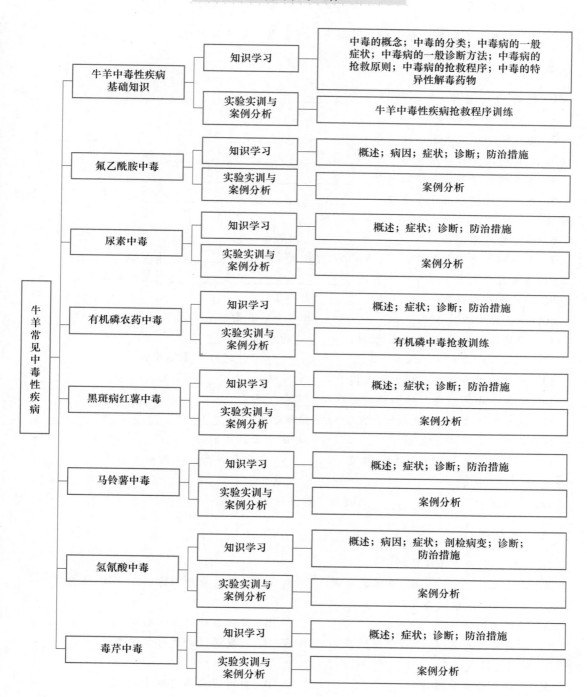

项 目 测 试

一、名词解释

中毒　中毒病　氟乙酰胺中毒　黑斑病红薯中毒　氢氰酸中毒

二、填空题

1. 按毒物的来源,中毒病可分为_____、_____、_____、_____和_____。

2. 中毒病的一般诊断方法包括_____、_____、_____和_____。

3. 中毒病的抢救原则包括_____、_____、_____和_____。

4. 中毒病的一般抢救措施包括_____、_____、_____和_____。

5. 黑斑病红薯中毒是牛羊吃了_____或_____的_____、_____和_____引起的中毒性疾病。

6. 黑斑病红薯中毒以_____和_____为特征。

7. 黑斑病红薯中毒的中后期,常在肩、背部皮下发生_____,按压发出_____。

8. 马铃薯中毒是牛羊吃了大量的_____、_____或_____引起的中毒性疾病。

9. 马铃薯中毒是以_____和_____为特征。

10. 马铃薯中毒是以_____、_____和_____的综合作用引起的。

11. 当马铃薯发芽、变质和腐烂时,_____的含量也_____。

12. 氢氰酸中毒是牛羊采食_____或_____而引起的中毒性疾病。

13. 氢氰酸中毒的病畜呼出的气体有_____味。

14. 氢氰酸中毒病畜尸体剖检时全身呈_____色。

15. 氢氰酸中毒病畜,抢救时所用的特异性解毒药包括_____、_____和_____。

16. 毒芹中毒是牛羊采食了_____而引起的中毒性疾病。

17. 毒芹素存在于毒芹的各个部位,以_____含毒量最高。牛的致死量为_____,羊的致死量为_____。

18. 牛羊采食了毒芹后_____h,出现神经症状。

三、选择题

1. 一般所说的中毒病是指(　　　)。

A. 肠毒血症　　　　　B. 自体酸中毒　　　　C. 外源性毒物中毒　　　　D. 酮血症

2. 中毒病的现场调查指(　　　)。

A. 对畜主询问病史　　　　　　　　B. 对病畜进行系统检查

C. 对病畜的体温、脉搏和呼吸检查　　　D. 对发病现场的环境调查

3. 脱离毒源是指(　　　)。

A. 把病畜转移开现场　　　　　　　B. 排出病畜体内的毒物

C. 清除病畜体外毒物　　　　　　　　D. 饲管人员离开现场

4. 保护性解毒是指(　　　)。

A. 保护病畜体表不受毒物侵害　　　　B. 保护饲养管理人员不受毒物侵害

C. 保护病畜消化管黏膜　　　　　　　D. 保护兽医人员不受毒物侵害

5. 中毒性疾病在剖检时要采集的病料主要是(　　　)。

A. 血液　　　　　　B. 肾　　　　　　C. 胃内容物　　　　　　D. 肝

6. 有机磷中毒的特异性解毒药是(　　　)。

A. 葡萄糖　　　　　B. 阿托品、解磷定　　　C. 维生素 C　　　　　D. 高锰酸钾

7. 氟乙酰胺中毒的特异性解毒药是(　　　)。

A. 阿托品、解磷定　　B. 二硫基丙醇　　　　C. 亚甲蓝　　　　　　D. 解氟灵

8. 给牛喂尿素的量应控制在精料的(　　　)。

A. 3% 以下　　　　　B. 5% 以上　　　　　C. 10% 以上　　　　　D. 自由采食

9. 属于胆碱酯酶复活剂的是(　　　)。

A. 维生素 A　　　　　B. 双复磷　　　　　　C. 维生素 C　　　　　D. 硫代硫酸钠

10. 黑斑病红薯中毒病的特征是(　　　)。

A. 严重腹泻　　　　　B. 兴奋不安　　　　　C. 喘气,肩、背皮下气肿　　D. 跛行四肢疼痛

四、判断正误(正确画"√",错误画"×")

1. 在中毒病的一般诊断中,病史调查是指对发病现场的调查。(　　　)

2. 特异性解毒是对已被确定毒物引起的中毒病,根据毒物的理化性质,应用特异性解毒药进行抢救治疗。(　　　)

3. 尿素中毒以发病急促,跛行,便秘和呼吸困难为特征。(　　　)

4. 尿素中毒时抢救应用的主要药物是食醋和甲醛。(　　　)

5. 有机磷农药中毒,其主要症状是吐沫,肌肉震颤,兴奋不安,瞳孔散大,最后倒地昏迷。(　　　)

6. 黑斑病红薯中毒后,其临床症状除喘气外,主要表现是瞳孔缩小。(　　　)

7. 马铃薯素主要存在于马铃薯的幼芽、叶茎和花内。(　　　)

8. 氢氰酸中毒时所呼出的气体,有烂苹果味。(　　　)

9. 毒芹素主要作用于中枢神经系统的延髓和脊髓,引起神经机能紊乱。(　　　)

五、问答题

1. 中毒病的一般症状有哪些?

2. 中毒病的一般诊断方法包括哪几方面?

3. 中毒病的抢救原则包括哪几方面?

4. 怎样确定中毒病的抢救程序?

5. 牛羊氟乙酰胺中毒有哪些症状?

6. 怎样防治牛羊氟乙酰胺中毒?

7. 尿素中毒有哪些临床症状?

8. 怎样防治尿素中毒?

9. 有机磷农药中毒的症状有哪些?

10. 怎样抢救有机磷农药中毒病畜?

11. 黑斑病红薯中毒有哪些症状?

12. 怎样防治黑斑病红薯中毒?

13. 马铃薯中毒的症状有哪些?

14. 怎样防治马铃薯中毒?

15. 氢氰酸中毒的病因是什么?

16. 氢氰酸中毒有哪些临床症状?

17. 毒芹中毒的临床症状有哪些?

项目 5

牛羊常见内科病

项目导入

　　内科病是以个体发病为主的一类疾病。一旦发病会影响牛羊的正常生产性能,给牛羊养殖场造成损失。张辉实习小组通过对内科病的实习,在孙老师指导下,将要学会牛羊常见内科病的临床检查,收集临床症状。通过与所学相关知识对照,学会正确诊断牛羊常见内科病,制订有效的防治措施,并参与治疗病畜。

　　本项目将要学习 10 个任务:(1) 口炎;(2) 食管梗塞;(3) 前胃弛缓;(4) 瘤胃积食;(5) 瘤胃臌气;(6) 瓣胃阻塞;(7) 感冒;(8) 支气管炎;(9) 支气管肺炎;(10) 日射病与热射病。

任务 5.1　口　　炎

任务目标

　　知识目标:掌握口炎的症状、诊断和防治知识。
　　技能目标:学会口炎的治疗操作技术。

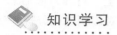

知识学习

一、概述

　　口炎是由于物理的、化学的、机械的或生物的因素引起的口腔黏膜的炎症,以口腔黏膜潮红、发生水疱或溃疡、大量流涎为特征。

二、病因

1. 机械损伤
粗硬尖锐的饲料、尖锐的牙齿,或粗硬的口腔检查器械损伤口腔黏膜。

2. 化学损伤

口服有刺激性或腐蚀性药物或有毒饲料损伤口腔黏膜。

3. 生物因素损伤

采食腐败饲料或由于口腔不洁,细菌感染损伤口腔黏膜。

三、症状

（1）病畜采食谨慎,不愿采食粗硬饲料,咀嚼小心或咀嚼时吐草。

（2）口流泡沫性涎水,常呈丝状挂在下唇上。

（3）口腔检查时发现口腔黏膜潮红、肿胀或有水疱和溃疡,口温升高,恶臭,常常可以见到在齿龈处有刺入的芒刺或其他异物。

四、防治措施

（一）预防

（1）不用粗硬饲料喂牛羊,检查口腔时小心使用检查器械,及时修整尖锐牙齿。

（2）不经口投服有刺激性和腐蚀性药物,防止采食有毒饲料。

（二）治疗

（1）冲洗口腔　用0.1%高锰酸钾溶液或2%硼酸溶液或1%～2%明矾溶液。每天冲洗2～3次。

（2）外涂　创面涂擦1∶9的碘甘油或撒布冰硼散、西瓜霜或涂擦1%～5%蛋白银溶液。

（3）噙服中药　【青黛散】青黛、黄连、黄柏、薄荷、桔梗、儿茶各等份,碾末备用。

实验实训与案例分析

案例分析

东黄庄黄四家养肉牛10头,收麦后饲喂麦糠,近几天发现有的牛口流涎水,吃草变慢。黄四给孙老师打电话请求帮助治疗。孙老师带领张辉实习小组来到黄四家,穿好防护服,戴上口罩和手套,首先对病牛进行临床检查。检查见到病牛口流泡沫性涎水,呈丝状挂在下唇上。打开口腔后恶臭扑鼻,口腔黏膜潮红、肿胀、有水泡和溃疡,齿龈处刺入大量麦芒。检查后大家对病例进行分析。

分析认为,黄四家的牛饲喂麦糠,根据临床症状与所学相关知识对照,诊断为口炎。经大家讨论,制订以下治疗方案:

（1）冲洗口腔,用0.1%高锰酸钾溶液冲洗口腔,除去刺入口腔的芒刺。

（2）创面涂擦冰硼散。

（3）噙服中药青黛散。

同时提出预防方案:

（1）不喂粗硬饲草,喂麦糠时应先进行软化处理。

（2）不经口投服有刺激性、腐蚀性药物,防止采食有毒饲料。

10天后回访,病牛已全部康复。

 **随堂练习**

1. 口炎的病因是什么?
2. 口炎有哪些症状?
3. 怎样防治口炎?

任务5.2　食管梗塞

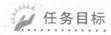 **任务目标**

知识目标:掌握食管梗塞的症状和防治知识。

技能目标:学会根据资料正确诊断食管梗塞。学会食管梗塞的治疗技术。

 **知识学习**

一、概述

食管梗塞是食管的一段被食团或异物阻塞而引起的疾病,以口鼻处流出大量泡沫性液体为特征。

二、病因

(1) 牛羊在饥饿中抢食块根饲料,如红薯、萝卜、甜菜根。

(2) 在食管麻痹或食管痉挛的情况下,饲料吞咽后,积存于食管。

三、症状

(1) 牛羊在采食过程中突然发病,病畜表现不安,频频做吞咽动作,从口、鼻处流出大量泡沫性黏液。

(2) 严重时呼吸困难,咳嗽,张口伸舌。

(3) 阻塞于食管颈部段时,可从外部看到或摸到阻塞物有时可触及波动。阻塞于胸部段时,用胃管探诊,可触及阻塞物。完全阻塞时常继发瘤胃臌气,呼吸困难。

四、诊断

根据发病史、临床症状和胃管探诊可做出诊断。

五、防治措施

(一) 预防

(1) 给牛羊喂块根饲料时,要切碎后再喂。不喂整块块根饲料。

(2) 如果牛羊患食管麻痹、食管狭窄和食管痉挛病,最好给牛羊喂流食。

（二）治疗

（1）如果阻塞物在颈部段食管或靠近口腔，可先给病畜灌液体石蜡 100～200 mL，然后用手慢慢将阻塞物挤到口腔。

（2）如果阻塞物在胸部段食管，在灌液体石蜡后，用胃管将阻塞物推入胃中。

（3）打气法　将胃管导入阻塞部位后，胃管外端接上打气筒，向食管中打气三五下。术者一手卡住病畜颈部食管，使阻塞部位的气体不向外排出，而使食管膨胀，另一只手趁势向里推送胃管，往往能收到良好效果。还可用同样的方法向阻塞部位打水，术者趁势向里推送胃管。

（4）应用阿托品肌内注射，解除食管肌痉挛，牛 20～30 mg，羊 5～10 mg。

（5）如果阻塞物为谷物颗粒或粉碎饲料，可用冲洗法。将胃管导入阻塞部位，外端接灌肠器，向食管内灌水，使饲料随水冲出。术者要有耐心，打几下水，稍停一停，让病畜缓解后，再继续打水，直至冲透为止。

（6）如果阻塞物在颈部段食管，向口腔挤压或向里推送困难时，可用外科手术，切开食管将阻塞物取出。

（7）如果阻塞部位已经发炎，可肌内注射抗菌药治疗。

 实验实训与案例分析

案例分析

大李庄李兵今天早起用红薯喂牛，同槽牛互相争食，突然一头牛停止采食，从口和鼻孔处流出大量泡沫样黏液，很快瘤胃开始臌气，间歇性咳嗽。李兵赶紧给孙老师打告急电话，请求孙老师帮助抢救。孙老师带领张辉实习小组来到李兵家。穿好防护服，戴上口罩和手套后，首先对病牛进行了临床检查，只见病牛从口和鼻孔处流出大量泡沫样黏液，不时咳嗽，瘤胃臌气。看到牛颈左侧食管沟处有一个球状物体，用手触摸坚硬如石块。根据牛在抢食红薯时突然发病，结合临床症状，诊断为食管梗塞。大家立即对病牛进行抢救。用胃管向食管内灌入液体石蜡 100 mL 后，孙老师让张辉用手卡住阻塞物胃端食管，用力将阻塞物向口腔端挤压，阻塞物即缓慢向口腔端移动，约 20 min 后，一个红薯被挤到牛口腔内。孙老师又让朱超打开病牛口腔，将红薯取出。红薯取出后一切症状消失，病牛康复如初。

 **随堂练习**

1. 食管梗塞的病因是什么？
2. 食管梗塞有哪些症状？
3. 怎样防治食管梗塞？

任务5.3　前　胃　弛　缓

 **任务目标**

知识目标：掌握前胃弛缓的病因、症状和防治知识。

技能目标：学会根据资料正确诊断前胃弛缓，制订合理的防治措施。

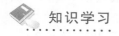 **知识学习**

一、概述

前胃弛缓是反刍动物因前胃神经调节机能障碍引起的疾病。以前胃的兴奋性和收缩力降低、消化机能紊乱为特征。

二、病因

（1）缺乏运动或使役过重，突然更换饲料或气候突变导致神经机能障碍。

（2）长期饲喂粉状饲料、单一饲料或缺乏纤维素的饲料。饲料对前胃的刺激性过弱，或者单调刺激，使前胃的兴奋性降低。

（3）应激因素使前胃神经机能发生障碍。

（4）继发于其他疾病，如牙病、瘤胃臌气或积食、创伤性网胃心包炎、瓣胃阻塞和热性疾病。

三、症状

（1）食欲减退或废绝。反刍减少或停止。异食，反复臌气。口腔潮红、干黏，带有难闻气味。体温正常。

（2）便秘、腹泻或两者交替发生。慢性病例渐进性消瘦。

（3）触诊瘤胃内容物松软，撤去触压后恢复缓慢。

（4）听诊瘤胃蠕动音减弱，蠕动波变短，或无瘤胃蠕动音。

四、诊断

根据临床症状和发病史可做出诊断。

五、防治措施

防治原则为：加强饲养管理，消除病因，兴奋瘤胃蠕动。

（一）预防

（1）加强饲养管理，合理调配饲料，更换饲料时，要有一定的过渡期。

（2）适当运动，不要过度使役。

（二）治疗

（1）饲养控制　病初停喂 1～3 d，少量多次饮水。

（2）增强前胃蠕动机能　肌内注射新斯的明、毛果芸香碱或比赛可灵。牛用新斯的明 10～20 mg 或 5% 毛果芸香碱注射液 2～5 mL 或比赛可灵 5～10 mL。

（3）静脉注射促反刍液　牛一次用 300～500 mL（促反刍液：10% 氯化钠注射液 500 mL，10% 安钠咖 25 mL，5% 或 10% 氯化钙注射液 100～200 mL）。

（4）内服健胃药　陈皮酊 30～50 mL、龙胆酊 30～50 mL、姜酊 30～50 mL、人工盐 100 g、酵母片 300 片,一次内服。或 95% 乙醇 100 mL、糖 100 g、酵母片 300 片、碳酸氢钠 100 g,一次内服。

（5）内服中药　【香砂六君子汤加减】党参 90 g、白术 30 g、云苓 40 g、甘草 30 g、陈皮 30 g、半夏 25 g、木香 30 g、砂仁 30 g（或用白蔻、草豆蔻、肉豆蔻代替砂仁）、槟榔片 25 g,碾为末,开水冲,候温灌服（牛）。

（6）其他　如继发于其他疾病,应积极治疗原发病。

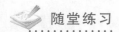

实验实训与案例分析

案例分析

沙丘养牛场饲养员牵着一头病牛来到学校兽医门诊部就诊。孙老师召集张辉实习小组穿上防护服,戴上口罩和手套后,对牛进行临床检查。病牛体温正常,呼吸和心率无明显变化,不见反刍,轻度臌气,口腔潮红、干黏,有难闻气味。大便干燥。触压瘤胃内容物松软,撤去触压后恢复缓慢。听诊瘤胃蠕动音减弱,蠕动波变短,1 次/3 min。检查后,大家对病例进行分析。

分析认为,根据病牛体温、呼吸和心率正常,将临床症状与所学知识对照,其临床症状与前胃弛缓相符,初步诊断为前胃弛缓。经过讨论制订治疗方案如下:

（1）肌内注射比赛可灵 10 mL,每天 1 次,连用 3 d。

（2）静脉注射促反刍液 300 mL,（促反刍液:10% 氯化钠 500 mL,10% 安钠咖 25 mL,10% 氯化钙注射液 100 mL）,每天 1 次,连用 3 d。

（3）内服中药香砂六君子汤,党参 90 g、白术 30 g、云苓 40 g、甘草 30 g、陈皮 30 g、半夏 25 g、木香 30 g、砂仁 30 g（或用白蔻、草豆蔻、肉豆蔻代替砂仁）、槟榔片 25 g,煎汁灌服,每天 1 服,连用 3 d。

最后,孙老师叮嘱饲养员,要加强饲养管理,合理调配饲料,更换饲料时,要有一定的过渡期,让牛适当运动。

3 天后,病牛康复。

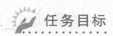

随堂练习

1. 前胃弛缓的病因是什么?
2. 前胃弛缓有哪些症状?

任务 5.4　瘤 胃 积 食

任务目标

知识目标:掌握瘤胃积食的病因、症状和防治知识。

技能目标:学会根据资料正确诊断瘤胃积食,制订合理的防治措施。

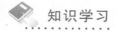

知识学习

一、概述

瘤胃积食是牛羊采食大量难消化、易膨胀的饲料而引起的疾病,以瘤胃内容物停滞、容积增大、胃壁扩张、瘤胃运动神经麻痹为特征。

二、病因

(1) 饲养管理不当,缺乏运动或过度使役,突然更换饲料,或饲料品质不良和使用不易消化的饲料如花生秧、红薯秧、麦秸、稻草。

(2) 突然饲喂大量精料或牛羊爱吃的豆科饲料。缺乏饮水。

(3) 继发于其他疾病如前胃弛缓、瓣胃阻塞、网胃炎。

三、症状

(1) 采食过量饲料后不久发病,食欲减退或废绝,反刍减少或停止,体温正常。

(2) 腹围增大,以左侧下部最明显,触诊瘤胃内容物坚实,呈生面团状。

(3) 腹痛,哞叫(羊),呻吟,弓背,回头观腹,后肢蹴腹,常呈犬坐姿势。磨牙流涎,呼吸困难,结膜发绀,心跳加快。

(4) 常做排粪姿势,但排出的粪便很少或排恶臭稀粪。

(5) 听诊瘤胃蠕动音减弱或废绝。

四、防治措施

(一)预防

加强饲养管理,控制饲喂量,由质量差的饲料更换为好饲料时要逐步过渡,给其一个适应过程。粗硬饲料要进行软化加工。

(二)治疗

治疗原则为:排积,制酵,兴奋瘤胃运动机能。

(1) 用温水洗胃　将粗胃管导入瘤胃后,先灌入温水 3 000 ~ 4 000 mL,助手用拳头冲击瘤胃,10 min 后将水排出,再灌入温水,如此反复灌入和排出,直至瘤胃松软为止。

(2) 排积制酵　硫酸镁或硫酸钠 300 ~ 500 g,石蜡油 1 000 ~ 1 500 mL,陈皮酊 30 ~ 50 mL,姜酊 30 ~ 50 mL,大蒜酊 50 ~ 80 mL,鱼石脂 10 ~ 15 g,待鱼石脂溶解后,加水 2 000 ~ 3 500 mL,一次内服。

(3) 兴奋瘤胃蠕动　静脉注射促反刍液 400 ~ 500 mL,肌内注射新斯的明 10 ~ 30 mg 或比赛可灵 5 ~ 10 mL。

(4) 内服中药　【当归苁蓉汤】油当归 240 g、肉苁蓉 95 g、枳壳 40 g、厚朴 30 g、槟榔片 25 ~ 30 g、二丑 100 ~ 200 g、番泻叶 100 g、通草 15 g、木香 30 g、麻油 500 ~ 1 000 mL。先把当归用麻油拌湿,放入锅中炒黄,肉苁蓉用乙醇浸泡 20 min,二丑碾碎,然后将各种药物共同放入锅中煎汁候温,加入剩余的麻油一次灌服,隔日一次。

实验实训与案例分析

案例分析

郑店郑松饲养的一头牛发病,请求孙老师治疗。孙老师带领张辉实习小组来到郑松家,首先听了郑松的介绍。郑松说前两天饲喂豆秸,牛很爱吃,一次食量比以往增加了 1/3 以上,喂后 2 h 发病。郑松介绍后,张辉实习小组穿好防护服,戴上口罩和手套后,对病牛进行了临床检查。经检查,病牛体温正常,呼吸和心率稍快,反刍停止。左侧腹部膨大,触压瘤胃内容物坚实,呈生面团状。腹痛、呻吟、弓背,回头观腹,后肢蹴腹,呈犬卧姿势。磨牙,流涎,呼吸困难,结膜发绀。做排粪姿势,排出少量粪便,粪便稀而恶臭。听诊瘤胃蠕动音废绝。检查后大家对病例进行分析。

分析认为,根据病牛一次采食干饲料过多,结合临床症状,与所学相关知识对照,病牛诊断为瘤胃积食。经过大家讨论制订治疗方案如下:

(1)促反刍液静脉注射,每次 500 mL,每天 1 次,连用 3 d。肌内注射比赛可灵 10 mL,每天 1 次,连用 3 d。

(2)当归苏蓉汤内服,药方及饲喂方式见本任务"知识学习"相关内容。

同时叮嘱郑松,要加强饲养管理,控制饲喂量,由质量较差的饲料更换为适口性好的饲料时要逐步过渡,让牛有一个适应过程。粗硬饲料要进行软化处理。

5 天后回访,病牛已康复。

 随堂练习

1. 瘤胃积食的病因是什么?
2. 瘤胃积食有哪些症状?
3. 怎样防治瘤胃积食?

任务 5.5　瘤　胃　臌　气

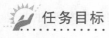 **任务目标**

知识目标:掌握瘤胃臌气的病因、症状和防治知识。

技能目标:学会利用瘤胃穿刺术治疗瘤胃臌气。

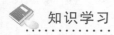 **知识学习**

一、概述

瘤胃臌气是由于牛羊采食大量易发酵的饲料,迅速产生大量泡沫状气体而引起的疾病,以瘤胃气性臌胀、呼吸困难和黏膜发绀为特征。

二、病因

（1）牛羊采食大量易发酵产气的饲料、变质饲料或难消化饲料，如霜冻饲料，幼嫩多汁的青草、青苜蓿、豆苗，霉败饲草，豆类籽实。

（2）采食后立即使役，缺乏适当的休息和反刍。

（3）继发于其他疾病，如前胃弛缓、瓣胃阻塞。

三、症状

（1）左侧肷窝臌胀，严重时突出到脊背以上。叩诊呈臌音，触诊弹性增大（图5-1）。

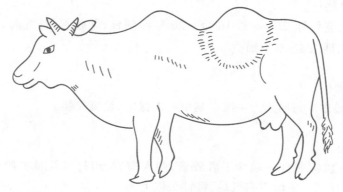

图 5-1 牛瘤胃臌气左侧肷窝突起

（2）腹痛，呻吟，回头观腹，后肢蹴腹，有时起卧不安。

（3）呼吸困难，心跳加快，结膜发绀，食欲废绝，反刍停止。听诊瘤胃蠕动音减弱或消失。体温正常。

四、防治措施

（一）预防

加强饲养管理，限制饲喂易发酵的饲料量，在豆科草地放牧时限制放牧时间。饲喂后，给予一定的休息时间，让其充分反刍。

（二）治疗

治疗原则为：排气，制酵，促进反刍和增强瘤胃运动机能。

（1）放气 应用瘤胃穿刺技术，放出瘤胃内气体。放气时应缓慢进行，不可一次放空，以免引起暂时性脑贫血。也可用胃管导入瘤胃放气。

（2）防腐制酵、消沫 松节油 20 ~ 30 mL，鱼石脂 15 ~ 20 g，大蒜酊 60 ~ 100 mL，加水 500 mL，一次内服。或用来苏尔 15 ~ 20 mL，消气灵牛 10 ~ 20 mL、羊 5 ~ 10 mL，食醋 500 ~ 1 000 mL，加水 500 mL，一次内服。

（3）中药治疗 【丁香散】丁香 30 g、木香 30 g、藿香 40 g、槟榔片 25 ~ 30 g、二丑 150 ~

200 g、青皮 40 g、陈皮 40 g,碾为末,开水冲,候温灌服。

（4）手术 特别严重时,可施行瘤胃切开手术,取出 2/3 瘤胃内容物。

（5）其他 继发性瘤胃臌气,应积极治疗原发病。

 实验实训与案例分析

瘤胃和瓣胃穿刺术操作训练

1. 目的要求

学会运用瘤胃穿刺术和瓣胃穿刺术治疗瘤胃和瓣胃疾病。

2. 设备、试剂和材料

羊 5 只,剪毛剪,套管针,20 cm 长 16 号~20 号穿刺针,乳胶管,打气筒,100 mL 注射器,硫酸钠,小铝盆,灭菌生理盐水,水 1 桶。

3. 方法步骤

（1）教师示范操作。

（2）学生分组操作。每四人为一组。其中一人保定,轮流交换。

（3）操作过程。

① 瘤胃放气

人工瘤胃臌气 将穿刺针一端接上乳胶管,刺入瘤胃,用打气筒接上胶管。一人固定好针头,另一人向瘤胃中打气。待瘤胃臌气后,将针头拔下。

瘤胃穿刺放气 按已学过的瘤胃穿刺术进行放气。穿刺部位在左腹上部膨胀最高点或左腹部髋结节与最后肋骨连接线中点。首先术部剪毛消毒,右手持消毒过的套管针朝向右侧肘头猛力刺入瘤胃中,拔出针头,气体自套管中放出。放气不可太快,以免引起脑贫血和昏迷。注意不要一次将气放完,在放气过程中,用手指间断堵住针孔,使气体徐徐放出。气体放完后可从套管中注入防腐制酵药,防止再次产气。最后拔出套管针,针孔消毒。

② 瓣胃注射 取硫酸钠 100 g,溶解于 1 000 mL 水中。按已学过的瓣胃穿刺术,穿刺部位在右侧 7~9 肋间与肩关节水平线交叉点。首先术部剪毛消毒,双手持 16 号 20 cm 长穿刺针水平刺入 8~10 cm。然后用 100 mL 玻璃注射器吸灭菌生理盐水 80 mL,接穿刺后向里注入灭菌生理盐水 50 mL,然后回抽,如果注射器中的水变浑浊且有草屑,证明已入瓣胃中。将针头准确刺入瓣胃中。一人固定好针头,另两人用 100 mL 注射器轮流向瓣胃中注入硫酸钠溶液,注完为止。注意拔出针头时,严格对针孔消毒,防止感染。

4. 作业

每人写 1 份实习报告。

 **随堂练习**

1. 瘤胃臌气的病因是什么?

2. 瘤胃臌气有哪些症状?

3. 怎样防治瘤胃臌气?

4. 王五家饲养两头牛,平时饲喂麦秸,昨天早晨,饲喂青苜蓿和黄豆精料,牛比以往多吃1/3以上,饲喂后立即到地里犁地。半小时后,发现牛不愿行走,呼吸困难,腹痛不安,后肢蹴腹,左侧肷窝胀满,已超过脊背。王五请你诊断他家的牛得的是什么病,同时帮助治疗,并制订一套防治方案。

任务5.6 瓣 胃 阻 塞

任务目标

知识目标:掌握瓣胃阻塞的病因、症状、诊断和防治知识。

技能目标:学会利用瓣胃穿刺术治疗瓣胃阻塞。

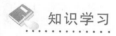

知识学习

一、概述

瓣胃阻塞是由于牛羊采食不易消化的饲料,缺乏饮水,而使饲料停滞于瓣胃内,水分被吸收后,阻塞于瓣胃引起的疾病,以大便干燥、鼻镜龟裂为特征。

二、病因

(1)长期饲喂粗硬不易消化的饲料,或饲料中带有泥沙,缺乏饮水。

(2)继发于其他疾病,如前胃弛缓、瘤胃积食、热性病。

三、症状

(1)病初食欲减退,瘤胃蠕动减弱,反刍减少,精神沉郁,体温正常。

(2)口腔干燥,鼻镜无汗珠,严重时鼻镜龟裂。

(3)大便干燥,粪便呈算盘珠状,外面带有大量黏液,常因粪便被黏液黏着呈串珠状。后期不见排粪,腹痛。

(4)尿少,色黄,病牛不愿饮水。

四、诊断

根据临床症状和病史可做出诊断,本病与其他前胃疾病的某些症状类似,需做鉴别诊断。前胃疾病鉴别诊断见表5-1。

表5-1 前胃疾病鉴别诊断表

病名	问诊	视诊	触诊	叩诊
前胃弛缓	长期饲喂稻草、麦秸		瘤胃松软	瘤胃呈半浊音
瘤胃积食	病前暴食	左腹中下部膨大	瘤胃坚实呈生面团状	瘤胃呈浊音

续表

病名	问诊	视诊	触诊	叩诊
瘤胃臌气	饲喂大量豆类饲料	左肷窝突起	瘤胃弹性增大	瘤胃呈鼓音
瓣胃阻塞	长期饲喂麦秸,缺乏饮水	鼻镜干燥龟裂,粪便干燥,呈算盘珠状	右侧7～9肋间敏感	瓣胃呈浊音

五、防治措施

(一)预防

加强饲养管理,对粗硬不易消化的饲料要进行加工处理,增加青绿多汁饲料,给予充足饮水。

(二)治疗

治疗以通便和增强前胃运动机能为原则。

(1) 内服泻剂　液体石蜡 1 000～2 000 mL,硫酸镁(或硫酸钠)300～500 g,番木鳖酊 10～20 mL,龙胆酊 30～50 mL,加水 2 000～3 000 mL,一次内服。

(2) 瓣胃注射　10% 硫酸钠(或硫酸镁)溶液 500～1 000 mL,石蜡油 300～500 mL,一次瓣胃注射。

(3) 内服中药　当归苁蓉汤有良好的治疗效果(参考任务 5.4 瘤胃积食中的"当归苁蓉汤")。

实验实训与案例分析

案例分析

田庄田大海家的一头牛发病,请求孙老师治疗。孙老师带领张辉实习小组来到田大海家,首先听了田大海介绍。田大海说,他的牛入冬以来,一直饲喂麦秸。近来发现牛吃草和饮水减少,昨天已不吃不喝。听完田大海介绍后,张辉实习小组穿好防护服,戴上口罩和手套后,开始对病牛临床检查。检查可见大便干燥,粪便如算盘珠状,外面黏附多量黏液。鼻镜干燥、龟裂。体温正常,呼吸和心率无明显变化。听诊瘤胃蠕动音减弱,蠕动次数减少。听诊瓣胃蠕动音废绝,触压瓣胃区敏感。临床检查后,大家对病例进行分析。

分析认为,根据病牛长期饲喂麦秸,结合临床症状,对照所学相关知识,病牛被诊断为瓣胃阻塞。通过讨论,制订治疗方案如下:

(1) 内服当归苁蓉汤 1～2 服。

(2) 瓣胃注射 10% 硫酸镁 1 000 mL,液体石蜡 500 mL。孙老师让张辉用 16 号 20 cm 长穿刺针,在右侧 7～9 肋间与肩关节水平线交叉点剪毛消毒后水平刺入 8～10 cm。让赵军用 100 mL 玻璃注射器吸灭菌生理盐水 80 mL 后接穿刺针,然后注入灭菌生理盐水 50 mL,再回抽,结果看到注射器中的水浑浊并有草屑,说明穿刺针刺入瓣胃内。让陈霞、李明各拿 1 把 100 mL 注射器和赵军一起,轮流向瓣胃内注射已配好的 10% 硫酸镁溶液 1 000 mL,液体石蜡 500 mL,注完后张辉拔出穿刺针,针孔消毒。

同时叮嘱田大海,加强饲养管理,多喂青绿多汁饲料,给予充足饮水。

5 天后回访,病牛已康复。

随堂练习

1. 瓣胃阻塞的病因是什么?
2. 瓣胃阻塞有哪些症状?
3. 怎样鉴别牛前胃疾病?

任务 5.7　感　　冒

任务目标

知识目标:掌握感冒的病因、症状和防治知识。

技能目标:学会根据资料正确诊断感冒,制订合理的防治措施。

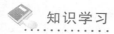

知识学习

一、概述

感冒是由于气候突变、寒冷袭击而引起的急性、热性疾病,以鼻流清涕、咳嗽和发热为特征。

二、病因

(1) 气候突变,缺乏防寒措施,家畜受寒冷袭击。

(2) 外出时突然受雨淋风吹,或使役后出汗,拴在风口处,使家畜受寒冷侵袭。

三、症状

(1) 体温升高,精神沉郁,食欲减退,流泪畏光,结膜潮红。

(2) 病初鼻流清涕,鼻黏膜充血肿胀,以后鼻液变浓稠,咳嗽,打喷嚏。

(3) 畏寒怕冷,全身战栗,背毛逆立,磨牙,喜卧,行走强拘。

四、诊断

根据临床症状和病史可做出诊断。

五、防治措施

(一) 预防

(1) 加强饲养管理,增强机体抵抗力。冬季加强防寒措施,堵塞风洞,防止贼风侵袭。

(2) 使役后,让家畜适当活动。拴于避风朝阳处。

（3）外出作业时带上防雨设备,防止雨淋。

（二）治疗

治疗原则为:解热镇痛,祛风散寒,预防感染。

（1）肌内注射　30%安乃近或柴胡注射液和清热解毒注射液 30～40 mL。青霉素 240 万～320 万 U,链霉素 200 万～300 万 U。

（2）中药治疗　【柴胡汤加减】柴胡 30 g、半夏 25 g、党参 50 g、黄芩 30 g、甘草 30 g、生姜 30 g、荆芥 30 g、防风 30 g、杏仁 30 g,水煎服。

 实验实训与案例分析

案例分析

高庄高山军今天牵着一头牛到学校兽医门诊部就诊。孙老师召集张辉实习小组全体同学,首先听了高山军介绍。高山军说,三天前在地里耕田,一阵大雨将牛淋了个"落汤鸡",今天早起牛不吃不喝。听罢介绍后,张辉实习小组穿好防护服,戴上口罩和手套,开始对病牛进行临床检查。病牛体温 40.5 ℃,呼吸和心跳稍快。病牛精神沉郁,流泪畏光,结膜潮红;流鼻液,打喷嚏;全身寒颤,背毛逆立;磨牙、喜卧,行走步态强拘。临床检查后,大家对病例进行分析。

分析认为,根据病牛三天前淋雨,结合临床症状与所学相关知识对照,病牛诊断为感冒。经过讨论,制订治疗方案如下:

（1）肌内注射 30%安乃近注射液 30 mL,青霉素 240 万 U,链霉素 200 万 U。每天 1 次,连用 3 d。

（2）内服中药柴胡汤加减,每天 1 服,连用 3 服。

最后,孙老师叮嘱高山军,要加强饲养管理,注意防寒保暖,防贼风,防雨淋,使役后适当活动,栓于避风处。

5 天后回访,病牛已康复。

 **随堂练习**

1. 感冒的病因是什么?
2. 感冒有哪些症状?
3. 怎样防治感冒?

任务5.8　支气管炎

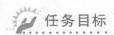 **任务目标**

知识目标:掌握支气管炎的病因、症状和防治知识。

技能目标：学会根据资料正确诊断支气管炎，制订合理的防治措施。

 知识学习

一、概述

支气管炎是支气管受到刺激后引起的黏膜炎症，以黏膜充血、肿胀、咳嗽、流鼻液为特征。

二、病因

（1）受寒冷刺激或继发于感冒，因支气管黏膜防御机能降低，病原菌乘机侵入。
（2）吸入刺激性物质，如有毒气体、尘粒。
（3）寄生虫幼虫移行期带入病原菌，引起感染。
（4）继发于热性传染病和邻近器官的炎症。

三、症状

（1）咳嗽是支气管炎的主要症状。病初干咳，继之湿咳和痛咳，随咳嗽咳出黏液性、脓性痰液。痰液从鼻孔流出。
（2）听诊支气管呼吸音增强，有啰音。开始为干性啰音，以后变为湿性啰音。
（3）体温变化不明显，严重时体温升高 0.5 ~ 1 ℃，当体温升高时精神沉郁，食欲减退，反刍减少。

四、诊断

根据临床症状可做出诊断。有条件的地方可进行 X 线检查。

五、防治措施

（一）预防
加强饲养管理，增强机体抗病力，注意防寒保暖，防止感冒。

（二）治疗
治疗原则为除去病因，镇咳、祛痰、消炎。
（1）镇咳、祛痰　内服氯化铵 10 ~ 20 g，复方樟脑酊 20 ~ 30 mL，复方甘草合剂 50 ~ 100 mL，杏仁水 30 ~ 50 mL，人工盐 30 ~ 50 g，异丙嗪 0.25 ~ 0.5 g。
（2）消炎　肌内注射青霉素 240 万 ~ 320 万 U，链霉素 200 万 ~ 300 万 U，鱼腥草 30 ~ 40 mL。或用其他抗生素治疗。
（3）中药治疗　【知母散】知母 40 g、贝母 30 g、款冬花 30 g、桔梗 30 g、陈皮 20 g、旋覆花 30 g、紫菀 30 g、黄芩 40 g、杏仁 30 g、甘草 30 g，煎汁一次灌服。
【止咳散加减】荆芥 40 g、防风 40 g、桔梗 40 g、紫菀 40 g、百部 30 g、白前 40 g、陈皮 30 g、甘草 25 g，水煎服。

实验实训与案例分析

案例分析

湖滨养牛场 3 周前有过 1 次寒流,寒流过后,部分牛感冒。经过治疗其他症状消失,但还持续性咳嗽。场长给孙老师打电话,请孙老师给治疗。孙老师带领张辉实习小组来到湖滨养牛场。到场后他们穿上防护服,戴上口罩和手套,首先对病牛进行临床检查。经检查,病牛持续性咳嗽,流脓性鼻液。听诊支气管呼吸音增强,有湿性啰音。体温正常,呼吸和心率无明显变化。检查结束后,大家对病例进行分析。

分析认为,根据前几天发生感冒,结合临床症状,与所学相关知识对照,湖滨养牛场的病牛诊断为支气管炎。经过讨论,制订治疗方案如下:

(1)镇咳祛痰,内服氯化铵 20 g,复方樟脑酊 30 mL,复方甘草合剂 50 片,杏仁水 50 mL,人工盐 50 g,异丙嗪 0.5 g,每天 1 次,连用 3 d。

(2)肌内注射青霉素 240 万 U,链霉素 200 万 U,鱼腥草 40 mL,每天 1~2 次,连用 3 d。

(3)内服中药知母散,每天 1 次,连服 3 d。知母散配方见本任务"知识学习"。

最后,孙老师叮嘱场长,要加强饲养管理,注意给牛防寒保暖,防止感冒。

5 天后回访,病牛已康复。

 随堂练习

1. 支气管炎的病因是什么?
2. 支气管炎的症状有哪些?
3. 怎样防治支气管炎?

任务 5.9　支气管肺炎

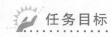 **任务目标**

知识目标:掌握支气管肺炎的病因、症状和防治知识。

技能目标:学会根据资料正确诊断支气管肺炎病,制订合理的防治措施。

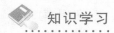 **知识学习**

一、概述

支气管肺炎是肺小叶或肺小叶群因受病原菌感染而发生的炎症,以弛张热型、叩诊呈岛屿状浊音区、听诊有捻发音为特征。

二、病因

（1）饲养管理不当,过度劳累,受风寒侵袭和理化因素刺激,机体的抵抗力降低,病原菌感染。

（2）继发于其他疾病,如感冒、支气管炎、流行性感冒。

三、症状

（1）咳嗽为本病的主要症状。病初干咳、短咳、痛咳,以后发展为湿咳。

（2）流黏液脓性鼻液,鼻液附着于鼻孔周围,干涸后堵塞鼻孔,常常影响呼吸,引起一定程度的呼吸困难。

（3）体温升高 1.5 ~ 2 ℃,呈弛张热型,肺小叶炎症消退后体温略降低,但不降到正常体温,心跳加快,可达 60 ~ 100 次/min。

（4）肺部叩诊,在肺的前下部有岛屿状浊音区,浊音区周围呈过清音。

（5）肺部听诊,病灶区肺泡音减弱,有捻发音,病的中期由于渗出物充满肺泡,肺泡呼吸音消失,有湿性啰音。

四、诊断

（1）根据临床症状和病史可做出诊断。

（2）有条件的地方可用 X 射线检查,肺部有散在阴影。

五、防治措施

（一）预防

参考任务 5.8 支气管炎的预防措施。

（二）治疗

治疗原则为:加强饲养管理,消炎,止咳,防止进一步渗出,促进炎性渗出物的吸收。

（1）消炎   用磺胺类药物、青霉素、链霉素、庆大霉素、卡那霉素氟苯尼考等。

（2）防止进一步渗出,促进炎性渗出物的吸收   用 5% 或 10% 氯化钙溶液 50 ~ 100 mL,10% 安钠咖 10 ~ 20 mL,加入 10% 葡萄糖注射液中静注。

（3）补氧   呼吸困难的可用 3% 过氧化氢 50 ~ 100 mL,加入葡萄糖氯化钠注射液稀释至 1% 后,一次静脉注射。

（4）中药治疗   【款冬花散】款冬花 50 g、知母 50 g、贝母 60 g、马兜铃 50 g、金银花 50 g、杏仁 50 g、桔梗 50 g,水煎服。

（5）治疗原发病   如继发于其他疾病,应积极治疗原发病。

实验实训与案例分析

案例分析

中原乳牛场入冬以来,部分牛持续性咳嗽。场长请孙老师治疗。孙老师带领张辉实习小组来到中原乳牛场。大家穿好防护服,戴上口罩和手套后,首先对病牛进行临床检查。经检查,病牛体温 40.5~41 ℃,心率 80~100 次/min,咳嗽,湿咳,痛咳,流脓性鼻液,鼻液附着于鼻孔周围,有的牛鼻液堵塞鼻孔,呼吸困难。肺部叩诊,肺前下部有岛屿状浊音区,浊音区周围呈过清音。肺部听诊,痛灶区肺泡音减弱,有捻发音,有的牛肺泡呼吸音消失,有湿性啰音。检查后,大家对病例进行分析。

分析认为,根据发病季节和临床症状,与所学相关知识对照,病牛诊断为支气管肺炎。通过讨论,制订治疗方案如下:

（1）消炎,20% 氟苯尼考注射液 40 mL,肌内注射。每天 1 次,连续 4~5 d。

（2）防止进一步渗出,促进炎性渗出物吸收。10% 氯化钙溶液 100 mL,10% 安钠咖 20 mL,加入 10% 葡萄糖注射液 1 000 mL,一次静脉输入。每天 1 次,连续 3~4 d。

（3）内服中药款冬花散,煎汁 1 次内服,每天 1 服,连续 4~5 d。

最后,孙老师叮嘱场长,要加强饲养管理,注意防寒保暖,防止贼风侵袭。

10 天后回访,病牛已全部康复。

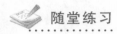 **随堂练习**

1. 支气管肺炎有哪些症状?
2. 怎样治疗支气管肺炎?

任务 5.10　日射病与热射病

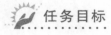 **任务目标**

知识目标:掌握日射病与热射病的病因、症状和防治知识。

技能目标:学会根据资料正确诊断日射病与热射病,制订合理的防治措施。

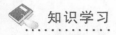 **知识学习**

一、概述

日射病是家畜在烈日下直接暴晒而引起的中枢神经等系统机能严重障碍。热射病是家畜在炎热湿闷的环境中,由于家畜产热与散热调节失调而导致的中枢神经系统、循环系统和呼吸系统的严重机能障碍。

二、病因

（1）在炎热的夏季,家畜在烈日照射下长时间使役或剧烈驱赶,奔跑。

（2）畜舍潮湿,通风不良,闷热,导致发病。

三、症状

1. 日射病

病畜常在使役中突然发病,精神沉郁,反应迟钝,四肢无力,共济失调,衰竭倒地,反射消失,严重者可迅速死亡。

2. 热射病

热射病分以下两型:

(1)**热衰竭型** 病畜衰弱无力,精神迟钝,步态蹒跚,全身大汗,脉数而细,呼吸急促,晕厥倒地,严重者体温下降,可致死亡。

(2)**过热型** 体温升高,可达42~43 ℃,高度不安,皮肤干燥,皮温极高,可视黏膜苍白或蓝紫色,瞳孔开始散大,以后缩小,脉数而细,心律不齐,呼吸困难,昏迷倒地,全身痉挛,严重者也致死亡。

四、诊断

根据临床症状和病史可做出诊断。

五、防治措施

(一)预防

(1)夏季使疫时,上午尽量早出早归,下午晚出晚归,给予充足饮水。

(2)畜舍要通风良好,或让家畜在舍外凉棚下休息和饲喂。

(二)治疗

治疗原则为降低体温,缓解心、肺、脑机能障碍。

(1)**降低体温** 把病畜移到阴凉通风处,以冷水或冰块冷敷头部,用冷水淋洗畜体,同时用冷水灌肠。

(2)**肌内或静脉注射解热药物** 用30%安乃近20~30 mL或氯丙嗪10~15 mL肌内注射。

(3)**强心补液缓解呼吸机能障碍** 用生理盐水3 000~5 000 mL,加入10%或20%安钠咖10~20 mL,静脉注射。注射前先颈静脉放血1 000~2 000 mL。肌内或皮下注射樟脑注射液10~20 mL。

 实验实训与案例分析

案例分析

时值盛夏,天气炎热。午饭过后,山坡养牛场给孙老师打电话说他们场有两头牛突然发病,十分危急,请孙老师到场治疗。孙老师带领张辉实习小组赶到山坡养牛场。只见山坡牛场没有凉棚遮阳,全群牛都暴露在阳光下暴晒,有两头牛倒在地上。经检查,病牛体温42.5 ℃,呼吸40次/min,心率102次/min。病牛狂躁不安,呼吸急促,眼结膜苍白,瞳孔散大,全身痉挛。检查完后大家对病例进行分析。

分析认为,当前时值盛夏,烈日似火,山坡养牛场无凉棚遮阳,牛群暴露在烈日下暴晒。根据环境条件和临床症状,对照所学相关知识,诊断为日射病。经简短讨论,制订治疗方案如下:

(1) 立即将病牛移到阴凉通风处,用凉水淋洒牛体,凉水灌肠,用冰块冷敷头部。

(2) 肌内注射 30% 安乃近 30 mL。

(3) 大剂量输液,用生理盐水 5 000 mL,加入 10% 安钠咖 20 mL,静脉注射。3 h 后,病牛基本康复。

最后,孙老师叮嘱养牛场工作人员,要抓紧架设凉棚遮阳,防止断续发病。

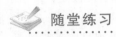
随堂练习

1. 日射病与热射病的病因是什么?

2. 日射病与热射病有哪些症状?

3. 怎样防治日射病与热射病?

知 识 拓 展

一、脑膜炎

脑膜炎是软脑膜因传染性或中毒因素的侵害引起的急性炎症,以神志紊乱为特征。

(一) 病因

(1) 继发于某些传染病和寄生虫病,如流行性感冒、传染性胸膜肺炎、牛结核病、脑包虫病。

(2) 继发于某些中毒病,如霉败饲料中毒、严重自体中毒。

(二) 症状

(1) 感觉过敏,一些轻微的刺激可以引起强烈不安。

(2) 病初精神沉郁,目光凝视,不听召唤,不注意周围事物,不自主运动,向前直冲或倒退转圈。常将头抵于墙上还使劲向前冲撞。倒地后做游泳状姿势。

(3) 严重时兴奋不安,眼神凶狠,牙关紧闭,哞叫奔跑,或兴奋与抑制交替发作。

(三) 防治措施

1. 预防

(1) 加强饲养管理,搞好环境卫生,防止传染病与中毒病侵袭。

(2) 同槽牛只发病后,立即隔离观察,积极治疗病畜。

2. 治疗

(1) 加强护理,保持安静,给予清洁饮水和易消化饲料。

(2) 降低颅内压　先放血 1 000 ~ 2 000 mL,然后静脉注射 25% 或 50% 甘露醇 250 ~ 500 mL,40% 乌洛托品 50 mL 加入 10% 或 25% 葡萄糖注射液 500 ~ 1 000 mL,一次静脉注射。

(3) 10% 磺胺嘧啶钠 100 ~ 150 mL,一次静脉注射,每日 3 次。或磺胺间甲氧嘧啶按产品说明书使用。

（4）青霉素 320 万 U,加入 10% 葡萄糖液中静脉注射。此后用同样剂量肌内注射,每天 3～4 次。

（5）安溴合剂 80～100 mL,一次静脉注射,以调节神经平衡。

（6）过度兴奋时,肌注氯丙嗪 8～10 mL。

（7）内服中药　【石膏汤】生石膏 250 g、元明粉 200 g、天竺黄 40 g、青黛 30 g、滑石 50 g、朱砂 10 g(分包,灌药时加入),煎汁灌服。

二、腹膜炎

腹膜炎是由于腹腔器官或盆腔器官的炎症等而引起的腹膜继发性炎症,以腹痛为主要特征。

（一）病因

（1）继发于腹腔器官和盆腔器官的深层炎症,如创伤性网胃心包炎、胃肠炎、胃肠穿孔及膀胱炎。

（2）机械损伤,如手术损伤、腹腔穿刺、创伤性网胃炎时的异物损伤及腹壁创伤。

（3）继发于某些传染病、寄生虫病,如肠结核病、棘球蚴病。

（二）症状

（1）精神沉郁,食欲减退或废绝,反刍减少或停止。胃肠蠕动减弱或停止,轻度膨气,大便干燥,直肠中常有宿粪。渐进性消瘦。

（2）腹痛。表现为呻吟不安,弓背站立,四肢集于腹下,行走迈步小心。触诊腹壁敏感,病牛躲避,张口伸舌。

（三）诊断

（1）根据临床症状和病史可做出诊断。

（2）必要时可做腹腔穿刺检查。腹腔积液增多,呈淡红色,浑浊。

（四）防治措施

1. 预防

（1）加强饲养管理,防止腹壁创伤或抵伤。

（2）积极治疗腹腔、盆腔器官的炎症和原发性传染病、寄生虫病。

2. 治疗

（1）抗菌药治疗　青霉素 240 万～320 万 U,链霉素 200 万～300 万 U,0.25% 或 0.5% 普鲁卡因注射液 200～300 mL,加入 1 000～1 500 mL 生理盐水中,一次腹腔注射。

（2）手术　如发生腹腔或盆腔器官穿孔,及时进行外科手术处理,对腹腔彻底清洗,注入抗菌药。

（3）防止进一步渗出,促进腹腔渗出液的吸收　10% 氯化钙溶液 50～100 mL,40% 乌洛托品 30～50 mL,10% 或 20% 安钠咖 10～20 mL,5% 或 10% 氯化钠溶液 400～500 mL,一次静脉注射。

（4）内服中药　【五苓散】猪苓 40 g、泽泻 40 g、云苓 40 g、白术 30 g、桂枝 30 g,煎汁,一次内服。

（5）对症治疗　如便秘可内服泻药,同时灌肠。食欲不好可内服健胃药。腹腔积液过多,可腹腔穿刺放水。瘤胃臌气可内服防腐制酵药或瘤胃放气。

三、膀胱炎

膀胱炎是由于病原微生物感染、机械损伤或其邻近器官的炎症蔓延而引起的膀胱黏膜的炎症,以疼痛性尿频和尿液出现较多的膀胱上皮细胞、脓细胞和红细胞为特征。

（一）病因

（1）病原微生物感染　如葡萄球菌、大肠杆菌、化脓杆菌等病原菌的感染。

（2）邻近器官的炎症蔓延　如肾炎、肾盂肾炎、输尿管炎及尿道炎的蔓延。

（3）机械损伤　如受导尿管的刺激,膀胱结石导致黏膜损伤。

（二）症状

（1）疼痛性尿频　病畜常呈排尿姿势,但每次排出的尿量很少,排尿时病畜疼痛不安。摇尾,后肢蹴腹,甚至呻吟。

（2）尿液浑浊　常呈淡红色或混有脓球。

（三）诊断

（1）根据临床症状可做出诊断。

（2）必要时做直肠检查,膀胱敏感,膀胱壁增厚。

（3）实验室尿常规检查,尿液中含有大量膀胱上皮细胞、脓细胞、红细胞和磷酸铵镁盐结晶。

（四）防治措施

1. 预防

（1）加强饲养管理,增强机体抵抗力,防止病原微生物感染。

（2）导尿时,要严格消毒,严格按操作规程,防止损伤膀胱。

（3）积极治疗邻近器官炎症,防止炎症蔓延。

2. 治疗

以加强饲养管理,抗菌消炎为原则。

（1）肌内注射抗菌药　用青霉素、链霉素、庆大霉素、卡那霉素、磺胺嘧啶、鱼腥草及氟哌酸等。

（2）膀胱冲洗　用0.1%高锰酸钾溶液、0.1%卫康溶液冲洗膀胱。插入导尿管后,先排空膀胱内的尿液,再向膀胱内灌注药液。灌注500~1 000 mL药液后,让药液在膀胱内停留3~5 min,将药液排出。排空后再如前法灌注。如此反复冲洗3~4次。最后将药液排出后,经导尿管注入青霉素160万~240万U,链霉素100万~200万U,用0.25%普鲁卡因50~100 mL稀释。注完后将导尿管抽出。牵遛病畜30 min,防止药液被立即排出。

（3）内服尿路消毒药　内服药为呋喃呾啶钠、乌洛托品等。

（4）中药治疗　【滑石散】滑石粉50 g、泽泻35 g、灯芯20 g、茵陈40 g、猪苓35 g、车前子30 g、知母35 g、黄柏50 g,水煎服。

四、创伤性网胃心包炎

创伤性网胃心包炎是由于异物刺入网胃壁,进而穿过网胃壁、膈肌刺入心包引起的网胃和心包的炎症,以肘肌震颤、下坡和左转弯困难为特征。

（一）病因

饲草、饲料中混有铁针、铁钉、铁丝和其他尖锐异物,被牛吞入瘤胃后落入网胃。由于网胃的特殊蜂巢结构,异物刺入网胃壁,网胃的收缩使异物穿过网胃壁和膈肌,刺入心包。

（二）症状

（1）消化机能障碍　表现类似前胃弛缓的症状。

（2）疼痛　肘肌震颤,行动小心,上坡容易下坡难,不愿向左侧转弯。站立时右侧肘头外展。用手捏鬐甲部,病畜痛苦地呻吟或张口伸舌,胸背部向下趴。用拳头抵压剑状软骨部,病畜呻吟。

（3）听诊　创伤性心包炎听诊时心脏有拍水音和金属音。创伤性心肌炎听诊时心脏有摩擦音。

（三）诊断

根据临床症状可做出诊断。

（四）防治措施

1. 预防

（1）除去饲草饲料中的金属异物　可用筛子将饲料小心过筛,发现金属异物应捡出。还可用磁铁系于饲槽内吸附金属异物,也可使用磁铁拌草棒拌草,让金属异物吸附在拌草棒上,将异物除去。

（2）除去瘤胃中的金属异物　用恒磁吸引器,吸取瘤胃中的金属异物,防止异物刺入胃壁。间隔1～2个月吸取一次,常可获得良好的预防效果。

2. 处理

当前,对已被诊断为创伤性网胃心包炎的病畜,一般不再进行治疗,可作淘汰处理。

五、皱胃积食

皱胃积食是由于植物性神经功能紊乱引起的皱胃内容物积滞、皱胃体积增大、胃壁扩张性疾病,以皱胃体积增大和瘤胃积液为特征。

（一）病因

（1）饲养管理不当,长期饲喂含粗纤维较多、不易消化的饲料,缺乏饮水或劳役过重。临床也常见犊牛误食麻绳、塑料薄膜和破布,引起皱胃阻塞。

（2）继发于前胃弛缓、创伤性网胃炎、前胃迷走神经功能障碍、腹腔器官粘连和十二指肠积食。

（二）症状

（1）精神沉郁,食欲减退或废绝,反刍减少或停止,喜饮冷水。瘤胃蠕动减弱,大便干燥,带有大量黏液,尿量减少。体温正常或偏低。

（2）瘤胃积液。瘤胃内积有大量液体,冲击瘤胃呈拍水袋状。病牛常发生呕吐,从口中吐出酸臭液体。

（3）右季肋弓下明显膨大,站在远处,从头侧和尾侧可看到右腹侧季肋弓下明显向外突出。

（三）诊断

根据临床症状可以做出诊断。

（四）防治措施

1. 预防

（1）加强饲养管理　多喂青绿多汁饲料,适度使役,给足饮水。

（2）加强对畜舍及运动场的管理　及时清理废弃的塑料薄膜、破布和其他废弃物,防止牛羊误食。

2. 治疗

以排积制酵、恢复皱胃蠕动功能为原则。

（1）内服泻药　用硫酸镁 500 g、液体石蜡 1 500 ~ 2 000 mL、姜酊 50 ~ 80 mL、陈皮酊 30 ~ 50 mL、鱼石脂 15 ~ 20 g,加水 1 500 ~ 2 500 mL,一次内服。服药前先用粗胃管导出瘤胃内容物。口服 5% 碳酸氢钠溶液 100 mL。

（2）洗胃疗法　洗胃前先静脉注射复方氯化钠注射液 2 000 ~ 3 000 mL、维生素 C 注射液 30 ~ 40 mL、安溴合剂 80 ~ 100 mL。在确实保定下,用粗胃管导出瘤胃内容物。抽出胃管,口服 5% 碳酸氢钠溶液 100 mL。再插入粗胃管,灌入 0.1% 高锰酸钾溶液 3 000 ~ 5 000 mL。助手在两侧冲击瘤胃和真胃,使液体与食物混合,然后导出瘤胃内液体。再如此法灌入高锰酸钾溶液,再导出。如此反复灌入和导出,直至导出液的颜色变为紫红色为止。每次洗胃前先口服 5% 碳酸钠溶液 100 mL。

（3）外科手术疗法　对于误食异物引起的皱胃阻塞,尽可能早期施行外科手术,取出皱胃内异物。

（4）皱胃注射疗法　在右季肋弓下方,皱胃突起部位用 15 ~ 20 cm 长的穿刺针头,刺入 10 ~ 15 cm。然后用 100 mL 注射器向里注射生理盐水 50 ~ 80 mL,回抽注射器,看抽出的液体是否浑浊,如浑浊,且看到有饲料碎屑,证明针头已刺入皱胃内,最后向皱胃注入液体石蜡 1 000 ~ 1 500 mL、10% 硫酸镁溶液 1 500 ~ 2 000 mL。注意刺入针头和拔出针头时要严格消毒,防止感染。

六、皱胃变位

皱胃变位是皱胃运动机能减弱、腹压过大而引起的皱胃扭转或进入腹腔左侧的疾病。乳牛和肉牛多发。

（一）病因

（1）产前喂精料过多,引起皱胃酸度升高,抑制了皱胃的运动而积食,继而发生变位。

（2）皱胃黏膜损伤,使皱胃的运动机能减弱,积食而变位。

（3）分娩时腹压升高,使瘤胃高抬,皱胃从高抬的瘤胃下进入腹腔左侧,或皱胃在右侧被瘤胃挤压而扭转。

（二）症状

（1）采食减少,有的病牛吃少量粗饲料而拒食精料。反刍减少,稍多吃一点就停止。消瘦、腹围缩小。精神沉郁,脱水,眼球下陷。

（2）瘤胃内容物少而硬,蠕动音减弱,排少量黑黏恶臭粪便。瘤胃不积液,不臌气。如皱胃右方变位则皱胃轻度扩张,积液,积气,腹痛。右侧腹下部膨大。鼻镜干燥,两鼻孔见黏液性鼻液。

（三）诊断

（1）根据临床症状，可做出初步诊断。

（2）叩诊结合听诊可较准确地确诊本病。方法是从左侧髋关节水平线与最后 1 ~ 3 肋间交汇处的上、下范围内叩诊结合听诊有钢管音。

（四）防治措施

1. 加强饲养管理

乳牛干乳期不喂过多的精料，多喂优质干草。

2. 翻滚疗法

将牛倒卧后，四肢集拢腹下捆绑。2 人固定头部，左、右侧各 2 ~ 3 人抓住捆绑后的四肢，使牛腹部向上，使劲左右摇摆，摇摆幅度为 45°。摇摆 2 ~ 3 min 后，突然让牛向右侧倒卧。立即叩诊、听诊，若钢管音消失表示成功，即可松开四肢，10 min 后再让牛站立。如果叩诊、听诊钢管音仍不消失，可反复多次摇摆。如果多次摇摆仍不成功，转为手术疗法。

3. 手术疗法

（1）如果皱胃移位到左侧腹腔，站立保定，在左肷窝前切口，整复皱胃。

（2）如果皱胃在右侧变位，站立保定，在右肷窝切口，整复皱胃，整复后右侧腹壁切口内小圆枕固定皱胃。

（3）如果皱胃左侧腹腔变位，站立保定手术整复困难，可左侧横卧保定，在右乳静脉上方平行乳静脉切口。手经切口伸入瘤胃下方，进入左侧腹腔，抓住皱胃。同时让保定人员把牛从左侧卧变为仰卧，再向右翻转。在翻转的过程中皱胃回复到右侧腹腔，然后将牛左侧卧保定。皱胃复位后，将皱胃大网膜固定在右侧壁切口内肌层上（小圆枕固定）。

（4）手术操作要点

① 左肷部前切口显露皱胃后，探查皱胃的位置、大小及积气情况。如有积气，需用 1 个带长胶管的针头先行放气减压。

② 将皱胃向左侧肷部切口轻轻牵引，显露大弯和大网膜。

③ 在靠近大弯的大网膜上穿三根固定线，将固定线尾端用止血钳夹在创口上。

④ 将皱胃返回腹腔，用手掌下压皱胃，经瘤胃下方向右侧腹腔推移至皱胃正常位置。同时右手在腹腔内托着瘤胃腹盲囊将瘤胃向左侧腹腔推移。

⑤ 引出皱胃固定线，术者手退出腹腔，夹持第一根固定线尾进入腹腔，沿腹壁底部，瘤胃下方，进入右侧腹腔，确定固定线引出部位，指示助手在相应位置剪毛，消毒，局部麻痹，做一个 1 ~ 1.5 cm 的皮肤切口，然后助手用止血钳经小切口穿透腹腔，持固定线缓慢拉出。再将第二根固定线在不同的切口位置拉出（间距 3 ~ 5 cm）。

⑥ 固定线在小切口内圆枕上打结。

⑦ 按常规闭合左肷部切口，消毒后做结系绷带保护。

七、大叶性肺炎

大叶性肺炎是整个肺叶或全肺被感染而引起的肺实质性炎症，以高热稽留、铁锈色鼻液和痛咳为特征。

（一）病因

（1）病原微生物感染　主要是肺炎双球菌、链球菌、葡萄球菌感染。

（2）过敏性炎症　一些过敏性因素引起的过敏,肺部出现过敏性炎症。

（3）感冒等　感冒、过劳、吸入刺激性气体、胸部外伤都可以引发大叶性肺炎。

（4）继发于某些传染病　如出血性败血症、犊副伤寒。

（二）症状

（1）外观表现　体温升高,可达 40～41 ℃,精神沉郁,呼吸和心跳增速,食欲减退,反刍减少。

（2）咳嗽　病初痛咳,以后湿咳,流大量铁锈色鼻液。

（3）听诊反应　病初肺泡音增强,有干性啰音,随着渗出物的增多变为湿性啰音。后期有捻发音。

（三）诊断

根据临床特征(铁锈色鼻液)可以做出诊断。

（四）防治措施

1. 预防

同支气管肺炎的预防措施。

2. 治疗

（1）一般性治疗　措施同支气管肺炎。

（2）抗菌药胸腔注射　青霉素 240 万～320 万 U、醋酸可的松 500～600 mg、2% 普鲁卡因 40 mL、生理盐水 100 mL,混合,一次一侧胸腔注射。第二次注射另一侧。每天一次,连用 2～3 次。或用氟苯尼考、阿奇霉素按产品说明书使用。

（3）中药　【麻杏石甘汤】麻黄 30 g、杏仁 45 g、生石膏 100 g、炙甘草 30 g,煎汁一次内服。

八、肾炎

肾炎是指肾小球、肾小管或肾间质组织的炎症。以水肿、肾区敏感与疼痛、尿量改变、尿液中含有大量肾上皮细胞和各种管型为特征。

（一）病因

（1）继发于某些传染病,如炭疽、牛出血性败血症、口蹄疫、传染性胸膜肺炎。

（2）毒物作用,包括外源性毒物(如有毒植物、霉败变质饲料、重金属)和内源性毒物(如胃肠炎、烧伤和代谢性疾病所产生的毒素与组织分解产物),这些毒物经肾排出时致病。

（3）继发于邻近器官的炎症,如肾盂肾炎、膀胱炎、尿道炎和子宫内膜炎。

（4）某些药物过敏,如二甲氧青霉素、头孢菌素(先锋霉素)。

（二）症状

（1）精神沉郁,食欲减退,消化不良。

（2）疼痛。病畜表现为不愿行走,背腰弓起,后肢叉开或齐收腹下,强迫行走时后肢僵硬,步样强拘,小步前行。

（3）触诊肾区敏感,病畜站立不安,抗拒触压。牛直肠检查可摸到肾肿大。羊在腰椎横突下从外部可摸到肿大的肾。

（4）尿液检查蛋白质呈阳性,尿沉渣检查可见其中有管型、白细胞、红细胞和多量肾上皮细胞。

（5）重症病例可见眼睑、颌下、胸腹下发生水肿。

（三）诊断

根据临床特征可以做出诊断。

（四）防治措施

本病的治疗原则是:消除病因,加强护理,消炎利尿,抑制免疫反应。

（1）消炎、抗感染　用青霉素,牛每千克体重 1 万 ~ 2 万 U,羊每千克体重 2 万 ~ 3 万 U;链霉素牛羊每千克体重 1 万 ~ 2 万 U;乳酸环丙沙星牛羊每千克体重 0.6 ~ 1 mg,肌内注射。

（2）免疫抑制疗法　用氢化可的松牛 200 ~ 500 mg,羊 20 ~ 80 mg;地塞米松牛 10 ~ 20 mg,羊 5 ~ 10 mg。

（3）消除水肿　用双氢克尿塞(氢氯噻嗪)。

项 目 小 结

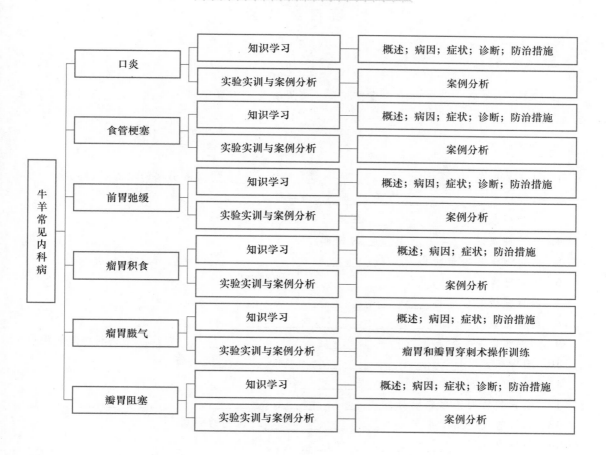

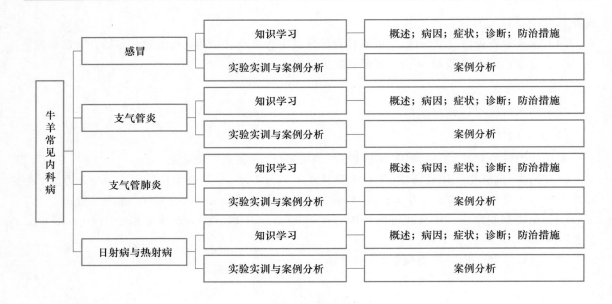

项 目 测 试

一、名词解释

口炎   食管梗塞   前胃弛缓   瘤胃积食   瘤胃臌气   瓣胃阻塞   感冒   支气管肺炎   日射病   热射病

二、填空题

1. 口炎是由于_____、_____、_____或_____的因素引起的口腔黏膜炎症。

2. 口炎以_____、_____和_____为特征。

3. 食管梗塞是_____阻塞引起的疾病。

4. 食管梗塞以_____为特征。

5. 前胃弛缓是反刍动物因前胃_____引起的疾病。

6. 前胃弛缓以_____和_____、_____为特征。

7. 前胃弛缓触诊瘤胃_____、_____。

8. 前胃弛缓听诊瘤胃_____、_____或_____。

9. 瘤胃积食是牛羊采食_____、_____的饲料引起的疾病。

10. 瘤胃积食以_____、_____、_____和_____为特征。

11. 瘤胃积食触诊瘤胃_____呈_____状。

12. 瘤胃积食的治疗原则为_____、_____、_____。

13. 瘤胃臌气是由于牛羊采食_____、_____而引起的疾病。

14. 瘤胃臌气以_____、_____和_____为特征。

15. 瘤胃臌气的治疗原则为_____、_____和_____。

16. 瓣胃阻塞以_____、_____为特征。

17. 瓣胃阻塞病牛开始鼻镜_____，后期鼻镜_____。

18. 瓣胃阻塞的治疗原则为_____和_____。

19. 感冒是由于_____、_____而引起的急性、热性疾病。

20. 感冒以_____、_____和_____为特征。

21. 感冒的治疗原则为_____、_____、_____。

22. 支气管炎是_____引起的炎症。

23. 支气管炎以_____、_____、_____和_____为特征。

24. 支气管炎的治疗原则为_____、_____、_____和_____。

25. 支气管肺炎叩诊肺部呈_____、_____。

26. 支气管肺炎听诊肺部有_____和_____啰音。

27. _____为支气管肺炎的主要症状。

28. 支气管肺炎病牛体温升高，呈_____热型。

29. 日射病与热射病的治疗原则为_____、_____。

30. 日射病与热射病的病畜体温常可升高到_____℃以上。

三、选择题

1. 口炎的治疗用药正确的是（　　　）。

A. 创面涂擦 1∶9 碘甘油　　　B. 涂擦氨擦剂　　　C. 涂擦松节油　　　D. 涂擦鱼石脂

2. 食管梗塞的打气疗法是用打气筒向食管内（　　　）。

A. 不停地打气　　　　　B. 打气三五下　　　C. 打气十下以上　　　D. 以上都不对

3. 治疗牛羊前胃弛缓选择的药物有（　　　）。

A. 青霉素　　　　　　　B. 磺胺类药　　　C. 新斯的明　　　D. 次苍

4. 瘤胃积食病牛触诊瘤胃时呈（　　　）。

A. 水袋状　　　　　　　B. 内容物松软　　　C. 坚实呈生面团状　D. 以上都对

5. 瘤胃臌气病牛叩诊瘤胃呈（　　　）。

A. 实音　　　　　　　　B. 臌音　　　C. 清音　　　D. 吹笛音

6. 给瘤胃臌气病牛放气时，不可一次放空，以免引起（　　　）。

A. 暂时性脑贫血　　　　B. 腹泻　　　C. 咳嗽　　　D. 体温升高

7. 采用中药（　　　）治疗瓣胃阻塞，有良好的效果。

A. 大承气汤　　　　　　B. 香砂六君子汤　C. 十全大补汤　　　D. 当归苁蓉汤

8. 在治疗支气管肺炎时，制止渗出，促进淡性渗出物吸收常选用（　　　）。

A. 青霉素　　　　　　　B. 磺胺类药　　　C. 氯化氨　　　D. 5%～10% 氯化钙

9. 治疗瘤胃臌气常用的药物有（　　　）。

A. 松节油　　　　　　　B. 酵母片　　　C. 碳酸氢钠　　　D. 敌百虫

10. 瘤胃积食叩诊瘤胃呈（　　　）。

A. 清音　　　　　　　　B. 浊音　　　C. 半浊音　　　D. 臌音

四、判断正误(正确的画"√",错误的画"×")

1. 患口炎的病牛口腔干燥,下唇干裂。(   )
2. 引起牛羊食管梗塞的主要原因是在饥饿时抢食块根饲料。(   )
3. 食管梗塞病畜严重时常见到呼吸困难、咳嗽、张口伸舌。(   )
4. 治疗前胃弛缓,首先要禁食 10~15 d,给予清洁饮水。(   )
5. 瘤胃积食病牛可见左肷部高度膨胀,触压瘤胃时弹性增高。(   )
6. 给瘤胃臌气病牛放气时要做到一次不停地放空,不能间断。(   )
7. 瓣胃阻塞的治疗原则为通便,增强前胃运动机能。(   )
8. 感冒的主要原因是气候突变,气温过高而闷热。(   )
9. 支气管肺炎病牛听诊肺部有捻发音,叩诊有岛屿状浊音区。(   )
10. 引起热射病的主要原因是炎热夏季在野外阳光直接照射。(   )

五、问答题

1. 口炎的病因是什么?
2. 口炎有哪些症状?
3. 怎样防治口炎病?
4. 食管梗塞的病因是什么?
5. 食管梗塞有哪些症状?
6. 怎样防治食管梗塞?
7. 前胃弛缓的病因是什么?
8. 前胃弛缓有哪些症状?
9. 瘤胃积食的病因是什么?
10. 瘤胃积食有哪些症状?
11. 怎样防治瘤胃积食?
12. 瘤胃臌气的病因是什么?
13. 瘤胃臌气有哪些症状?
14. 怎样防治瘤胃臌气?
15. 瓣胃阻塞的病因是什么?
16. 瓣胃阻塞有哪些症状?
17. 怎样鉴别牛羊前胃疾病?
18. 感冒的病因是什么?
19. 感冒有哪些症状?
20. 怎样防治感冒?
21. 支气管炎的病因是什么?
22. 支气管炎的症状有哪些?
23. 怎样防治支气管炎?
24. 支气管肺炎的症状有哪些?

25. 怎样防治支气管肺炎？
26. 日射病与热射病的病因是什么？
27. 日射病与热射病有哪些症状？
28. 怎样防治日射病与热射病？

项目 *6*

牛羊常见外科病与产科病

 **项目导入**

外科病与产科病是一类以个体发病为主的疾病。牛羊一旦发病会给养殖场造成一定的经济损失。张辉实习小组通过实习,在孙老师指导下,将要学会牛羊外科与产科病的临床检查,收集临床症状;通过与所学相关知识对照,学会正确诊断牛羊外科病与产科病,学会制订有效的防治方案,并参与治疗病畜。

本项目将要学习8个任务:(1)创伤;(2)脓肿;(3)难产;(4)胎衣不下;(5)阴道脱与子宫脱;(6)产后瘫痪;(7)子宫内膜炎;(8)乳房炎。

任务6.1 创 伤

 **任务目标**

知识目标:掌握创伤愈合过程的分期知识。
技能目标:学会创伤的常规处理。

知识学习

一、创伤的概念与结构

(一)创伤的概念

创伤是因锐性外力或强烈的钝性外力作用于机体组织或器官,使受伤部位皮肤或黏膜出现伤口及与外界相通的机械性损伤。

(二)创伤的结构

创伤由创缘、创口、创壁、创底和创腔五部分构成(图6-1)。

　　创缘为皮肤或黏膜损伤裂开的部位。创口为创缘之间的间隙。创壁为从创缘到创底之间受伤的疏松结缔组织、肌肉和筋膜。创底为创伤的最深处。创腔为创缘、创口、创壁与创底之间的腔隙。

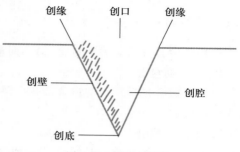

图 6-1　创伤的结构

二、创伤的分类

（一）按致伤物的性状分类

　　（1）刺创　由尖锐细长的物体（针、铁丝）刺入组织内引起的损伤。其特征为创口小，创腔狭长，创腔较平直。

　　（2）切创　由锐利的刀类、铁片、玻璃等切割皮肤、黏膜和组织而引起的损伤。其特征为创缘、创壁较平整，挫灭的组织较少，出血多，疼痛较轻，创口裂开明显。

　　（3）砍创　由砍刀、马刀等较重的刀具砍切皮肤和组织而引起的损伤。其特征为创口裂开大，组织损伤严重，出血少，疼痛剧烈。

　　（4）挫创　由钝性外力的作用和跌倒所致的组织损伤。其特征为损伤不整齐，挫灭组织多，出血少，污染严重。

　　（5）裂创　由钩、钉等钝性物体牵引作用而引起的皮肤及深层组织断裂性损伤。其特征为损伤不规则，创缘呈锯齿状，创壁不整齐，有创囊，出血少，创口大，疼痛剧烈。

　　（6）压创　由车轮或重物挤压所致的损伤。其特征为损伤不整齐，挫灭组织多，出血少，疼痛轻，污染严重。

　　（7）毒创　由毒蛇和昆虫咬刺所引起的损伤。其特征为损伤部位呈点状，疼痛剧烈，损伤部位出现肿胀和组织坏死，全身反应明显。

　　（8）火器创　由子弹或弹片所致的损伤。其特征为损伤组织范围广，创缘和创口常有灼伤。

（二）按损伤后的时间长短分类

　　（1）新鲜创　损伤后经过的时间短（一般在 24 h 以内），未出现感染症状。

　　（2）陈旧创　损伤后经过的时间较长（一般在 24 h 以上），有感染症状，有的化脓并有肉芽组织出现。

（三）按有无感染分类

　　（1）无菌创　在无菌条件下所致的损伤，如手术创。

　　（2）污染创　创伤被细菌和异物污染，但细菌还没有进行发育和繁殖，也未侵入血液内，经及时合理的外科处理，可取得第一期愈合。

　　（3）感染创　进入创内的细菌大量繁殖，对机体产生致病作用，有一定的全身反应。

　　（4）保菌创　创伤感染后，由于机体的抵抗力较强和肉芽组织增生，创内细菌仅停留在创伤表面和脓性渗出物中，对机体不形成损害。

三、创伤的一般症状

　　创伤的临床症状为出血、创口哆开、疼痛及机能障碍。

四、创伤的愈合

创伤的愈合分为第一期愈合、第二期愈合和痂皮下愈合三种类型。

1. 第一期愈合

第一期愈合是最理想的愈合形式,其特征为没有感染,炎性反应轻微,创缘疤痕组织小,愈合后无功能障碍。

2. 第二期愈合

其特征为创伤愈合的时间长,借新生的肉芽组织填满创腔,疤痕组织大,愈合后有一定的功能障碍。

创伤的第二期愈合过程可分为三个阶段:自家净化期、肉芽增生期(修复期)和上皮形成期。

(1)自家净化期　创腔内死亡的组织细胞在酶的作用下,液化分解,形成脓汁,从创口流出。

(2)肉芽增生期　新生的肉芽组织从创壁和创底生长,由少到多,填满创腔,在肉芽组织的表面形成制脓膜,保护肉芽组织不被细菌感染。在进行创伤治疗时,要注意保护肉芽组织,促进创伤早期愈合。

(3)上皮形成期　在肉芽组织即将填满创腔前,由创缘开始,上皮组织增生,最后覆盖创口,创伤愈合结束。

3. 痂皮下愈合

痂皮下愈合见于皮肤表面的轻度擦伤和轻度烧伤,其特征是:创面有大量纤维蛋白渗出物,凝固后形成痂皮,覆盖创面。新生的上皮组织在痂皮下增生,创伤愈合后痂皮脱落。

五、影响创伤愈合的因素

1. 创伤感染

创伤感染后一方面病原菌的作用使组织遭受更大的破坏,延长愈合时间,另一方面细菌毒素被机体吸收后,降低机体抵抗力,影响机体的修复能力。

2. 创腔内存有异物或坏死组织

由于创腔内有异物或坏死组织,净化不能完成,化脓不会停止,创伤就不会愈合。

3. 创伤局部血液循环障碍

血液循环障碍一方面影响创伤净化,另一方面不能为创伤供应足够的营养,影响肉芽组织增生。

4. 创伤局部过多的活动

创伤愈合需要一个局部安静环境。如创伤局部经常处于运动状态,会损伤新生组织,延长创伤的愈合时间。如关节处的创伤愈合就比较缓慢。

5. 不合理的治疗

如清创不彻底,引流不畅通,包扎不合理,不合理地使用药物,检查或处理创伤时严重损伤肉芽组织等,都会延长创伤的愈合时间。

六、创伤的治疗

(一)创伤治疗的一般原则

(1)正确处理局部治疗与全身治疗的关系　从局部治疗着手,要时刻注意全身的变化,进行必要的全身性治疗。

（2）预防和制止创伤感染及中毒　对新鲜污染创，要及时彻底清创，预防感染。对化脓创要制止感染，防止中毒，加速净化，缩短愈合时间。

（3）消除影响创伤愈合的因素　要创造创伤愈合的有利条件，注意不合理因素的影响，增强组织修复能力，促进创伤早期愈合。

（二）新鲜创的常规处理

新鲜创包括手术创和污染创。这里主要介绍污染创的常规处理。

1. 清创术

污染创的创腔内常常含有大量的凝血块、泥土和其他异物。兽医人员接受病例后，必须首先清理创腔，给创伤的愈合创造一个良好的条件。

（1）对病畜进行可靠的保定。

（2）用灭菌纱布覆盖创面。

（3）对创口周围进行剪毛，清除凝固的血块和异物，并进行消毒。

（4）揭去纱布，清理创腔。如创腔内还在出血，首先进行彻底止血。然后彻底清除创腔内的凝血块、泥土和其他异物。同时对没有生命力的组织和影响创伤愈合的组织进行清除。清理后用消毒液彻底冲洗。

2. 缝合创口

清创后修整创缘和创壁，对创口进行缝合，争取第一期愈合。缝合后对创口进行消毒，覆盖结系绷带。

（三）陈旧创的常规处理

陈旧创一般都具有不同程度的感染化脓，临床上常把陈旧创分为化脓创和肉芽创两种。

1. 化脓创的处理

（1）清理创围　用消毒纱布覆盖创面，对创围进行剪毛，清除脓痂和黏附在皮肤上的污物。清理后进行消毒，揭去纱布。

（2）清理创腔　清除创腔内的异物和坏死组织。用0.1%高锰酸钾溶液、5%或10%碳酸氢钠溶液彻底冲洗创腔内脓汁。如创伤处在自身净化期，消毒液冲洗后，用高渗液冲洗，促进净化进度。可用5%或10%氯化钠溶液、10%硫酸镁溶液、5%或10%碳酸氢钠溶液。

（3）涂布药膏　创腔清理后，在创腔内涂布魏氏流膏（处方：松节油5 g、碘仿3 g、蓖麻油100 g。碘仿也可用其他抗菌药代替）、复方碘酊油膏（处方：松节油5 g、碘酊1 g、蓖麻油45 g、鱼肝油50 g）或撒布脱腐生肌散（处方：枯矾10 g、冰片15 g、黄丹15 g、陈石灰30 g、煅石膏15 g、朱砂10 g、硫黄15 g，共研为细粉，密封备用）。如果创腔较深，可用引流条浸渍以上药物后，进行引流。

（4）全身治疗　对重创应注意全身治疗。为了预防全身感染，可用抗生素、磺胺类药或碳酸氢钠疗法进行全身治疗。对化脓创的处理，开始每天一次，以后每两天一次。

2. 肉芽创的处理

化脓性炎症中后期，肉芽组织逐渐生成的创称肉芽创。肉芽创的治疗原则是：促进肉芽组织生长，保护肉芽组织，预防感染，加速上皮增生，防止肉芽赘生。

（1）清洗　清除创围的脓汁和污物。

（2）清理创面　用刺激性较弱的消毒液［0.05%洗必泰（氯己定）液、0.01%呋喃西林液、0.05%新洁尔灭液］，小心冲洗，洗去附在肉芽上的脓汁。切记动作不可粗暴，不可刮削或擦拭肉芽面，以免损伤肉芽组织，影响肉芽增生和引发感染。

（3）用药　促进肉芽增生可用魏氏流膏、复方碘酊油膏或生肌散（处方：轻粉 10 g、乳香 15 g、血蝎 15 g、煅石膏 30 g、冰片 3 g，有渗出液时加龙骨、白芷等，不封口加鸡内金，共研为粉敷之）。此期在促进肉芽增生的同时，可创缘涂布促进上皮增生的氧化锌软膏、水杨酸软膏。在肉芽组织即将填满创腔时，转向以促进上皮组织增生为主的药物，加速上皮组织生长。

对肉芽创的处理不宜太频繁，一般每两天或三天处理一次。

（四）愈合缓慢创的常规处理

创伤愈合缓慢的原因有两方面，一方面是创腔清理不彻底，创腔内有较多坏死组织，自家净化缓慢。另一方面创伤供血不足，缺乏肉芽生长所需要的营养物质。相应的措施有：

（1）重新清理创腔，彻底清除坏死组织，缩短自身净化期，促进肉芽组织增生。

（2）适当使用刺激剂，改善创伤局部的血液循环，使创伤的小动脉充血，保证营养物质的供应。临床上常用创围点状烧烙法，促使局部动脉充血，效果良好。

（五）长期不愈合创的处理

长期不愈合创有两种类型，一种是创伤早期治疗不合理，或忽视了治疗，使创伤形成了瘘管，经常有少量脓液流出，看不到有愈合倾向，另一种是创腔内遗留有异物或死骨片，使创伤长期不能愈合。

1. 形成瘘管的创伤处理

（1）药物法与手术法　填塞硝酸银棒、高锰酸钾粉等腐蚀药，破坏瘘管壁，激发肉芽组织增生。也可用手术法破坏瘘管壁，形成新鲜创。

（2）烧烙　根据创腔的大小，可用铁丝或细钢筋在火炉上烧红，插入瘘管中烧烙，破坏瘘管壁，促进瘘管愈合。

2. 创腔内遗留有异物或死骨片不愈合创的处理

此类不愈合创的临床表现为创口较小且外翻，长期流少量脓汁，应采用手术疗法，除去异物或死骨片。手术时，先用消毒液冲洗创腔内的脓汁，然后用蓝色墨水加压注入创腔，使墨水到达创底。用墨水将创壁染色，手术时便于找到异物或死骨片。染色后，用 0.25%普鲁卡因创腔周围深层浸润麻醉。最后沿染色途径切开创口小心地逐步深入，直至创底，找到异物或死骨片后将其取出。创口开放治疗。一般 7～10 d 可痊愈。

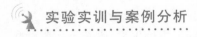 **实验实训与案例分析**

创伤的常规处理技术训练

1. 目的要求
掌握清创术的操作程序。

2. 设备、试剂和材料

山羊,手术刀柄,手术刀片,镊子,组织剪,剪毛剪,止血钳,持针钳,缝针,4 号缝合线,10~12 号缝合线,灭菌止血纱布,洗创球,脸盆,高锰酸钾,消毒乙醇棉球,碘酊棉球,清水。

3. 方法步骤

（1）教师对山羊行人工创伤,并示范清创术的操作过程。

（2）学生分组操作。每 5 人为一组,1 人为术者,2 人为助手,2 人保定,轮流操作。

4. 作业

每人写 1 份实习报告。

 随堂练习

1. 影响创伤愈合的因素有哪些?
2. 创伤治疗的一般原则是什么?
3. 怎样处理新鲜创?
4. 怎样处理肉芽创?
5. 小刘庄一犊牛在地里被人砍伤,回家后,畜主对创伤进行了简单处理。5 d 后创伤已化脓。畜主请你治疗。你将怎样对创伤进行处理?

任务6.2　脓　　肿

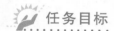 任务目标

知识目标:掌握脓肿的治疗知识。

技能目标:学会脓肿的常规处理技术。

 知识学习

一、概述

在任何组织或器官内形成的外有脓肿膜包裹、内有脓汁潴留的局限性腔,称为脓肿。如果在解剖腔内如胸膜腔、腹膜腔、喉囊、鼻窦有脓汁潴留时,则称为蓄脓。

二、病因

引起脓肿的化脓菌主要是金黄色葡萄球菌,还有链球菌、大肠杆菌和绿脓杆菌。化脓菌经伤口侵入组织,或通过血液、淋巴液转移而至,引起局部急性化脓性炎症,形成脓肿。

三、症状

（1）浅层脓肿　初期局部肿痛，增温，尚未形成明显的分界线。以后逐渐形成坚硬的分界线，中央向皮肤表面隆起，触诊有波动感。皮肤逐渐变薄，最后破溃，排出脓汁。

（2）深部脓肿　局部肿胀，增温不明显，也不易感到波动，但局部疼痛剧烈，全身症状明显。

四、诊断

根据临床症状和局部穿刺发现脓汁确诊。

五、治疗措施

以初期促进炎症消散、吸收，防止脓肿形成；后期促进脓肿成熟，切开排脓为原则。

（1）初期可用冷敷法局部冷敷　用冷水袋或冰块敷于患处，促进炎症消散。或涂布复方醋酸铅泥膏（处方：醋酸铅100 g、明矾50 g、樟脑20 g、薄荷脑10 g、白陶土820 g，加水成泥糊）。药物治疗，用0.25%或0.5%普鲁卡因50～100 mL、稀释青霉素160万～240万U，局部封闭。全身治疗用青霉素240万～320万U、鱼腥草注射液30～40 mL，一次肌内注射。

（2）当消散治疗无效时，用局部热敷疗法或局部涂布刺激剂　刺激剂用鱼石脂软膏、樟脑软膏或中药雄黄散，促进脓肿成熟。继续应用全身治疗。

（3）当脓肿已经成熟时，及时切开排脓　切开前，局部先剪毛消毒，然后在脓肿的最低处切开。如脓腔内压力较大时，先用手术刀刺破一个小口，排除部分脓汁，降低脓腔内压，防止一次切开时脓汁溅出。脓肿的切口要大，一般切口要占脓肿的1/3～1/2，防止创口愈合快，达不到彻底治愈。切开后按化脓创处理。开始每天处理一次，以后2～3 d处理一次。

（4）深部脓肿，采用抽洗法　即局部剪毛消毒后，用粗穿刺针头刺入脓腔，先向脓腔内注入少量消毒液后，抽出脓汁。再向脓腔内注入消毒液，再向外抽，如此反复，直至抽出液清亮为止。开始每天处理一次，以后2～3 d处理一次。

 实验实训与案例分析

脓肿的常规处理技术训练

1. 目的要求
掌握脓肿的处理操作程序。

2. 设备、试剂和材料
山羊，镊子，剪毛剪，手术刀柄，刀片，洗创球，高锰酸钾，脱脂棉，复方碘酊油膏，小铝盆，清水。

3. 方法步骤
（1）教师给羊剪毛做假设脓肿，并示范脓肿的处理过程。
（2）学生分组操作。每两人为一组，一人为术者，一人保定，轮流操作。

4. 作业

每人写 1 份实习报告。

随堂练习

1. 脓肿有哪些症状?
2. 怎样治疗脓肿?
3. 刘四家饲养奶牛,半月前发现其中一头牛的臀部有手掌大小的肿胀,触压疼痛,患部温度升高。一周前肿胀部明显隆起,肿胀面积缩小,触压有波动感。刘四请你给病牛治疗。你认为病牛患的是什么病? 怎样治疗?

任务 6.3 难 产

任务目标

知识目标:掌握难产的病因、症状和救助知识。

技能目标:学会难产救助技术。

知识学习

一、概述

难产是最常见的牛羊产科疾病,往往由于得不到及时救助或救助方法不当,引起母子双亡,给畜主造成重大损失。作为一个畜牧兽医工作者,必须了解与难产有关的产科知识,学会正确的难产救助技术,才能更好地为发展畜牧业服务。

(一) 与难产救助有关的基本概念

(1) 胎向 指胎儿的方向,即胎儿体纵轴与母体纵轴的关系,包括纵胎向、横胎向和竖胎向。纵胎向是指胎儿体纵轴与母体纵轴一致,即互相平行,为正常胎向。横胎向是指胎儿横卧于子宫内,胎儿体纵轴与母体纵轴垂直,为异常胎向。竖胎向是指胎儿体纵轴上下与母体纵轴垂直,为异常胎向。

(2) 胎位 指胎儿的位置,即胎儿的背部与母体的背部或腹部的关系。包括上胎位、下胎位和侧胎位。上胎位是胎儿伏卧在子宫内,背部在上,靠近母体的背部和荐部,为正常胎位。下胎位是胎儿仰卧在子宫内,背部在下,靠近母体的腹部和耻骨,为异常胎位。侧胎位是胎儿侧卧在子宫内,背部侧向母体的左腹壁或右腹壁,为异常胎位。

(3) 胎势 指胎儿的姿势,即胎儿的各部分是伸直的或屈曲的。

(4) 前置 指胎儿各部分与产道的关系,哪部分朝向产道就叫哪部分前置。

(5) 难产 是由于母体或胎儿异常,引起的胎儿不能顺利通过产道的分娩性疾病。

（二）难产的检查

1. 询问病史

（1）产期　向畜主询问病畜是否到了产期，判断病畜属于流产、早产或难产。

（2）胎次及年龄　问清病畜是初产或经产，判断母畜产道是否狭窄，或胎儿是否异常。

（3）分娩过程　询问什么时间出现阵缩，是否破水，有什么异常表现；是否经过处理，处理情况如何。

（4）患病史　病畜是否发生过影响分娩的疾病。

2. 母畜检查

（1）全身检查　对母畜进行全身检查，特别要注意母畜的精神状态和能否站立，判断母畜是否能够承受复杂的手术，还要检查荐坐韧带后缘是否松弛，荐骨后端的活动性。检查是否出现临产症状。

（2）产道检查　检查产道是否狭窄，子宫颈口是否开张、产道干湿情况。经人处理过的病畜还要检查产道是否有损伤。

（3）产力检查　观察阵缩和努责情况，判断产力是否正常。

3. 胎儿检查

检查胎向、胎位和胎势是否异常，胎儿大小，胎儿死活，胎儿进入产道深浅，从而决定采用哪种方法救助。

4. 术后检查

（1）检查宫内是否还有胎儿，阴道、子宫颈和子宫有否损伤，以决定救助工作是否结束。

（2）术后对病畜要进行一次全面检查，以决定对病畜继续采取的治疗措施。

二、病因

（一）母畜的因素

母畜的因素包括产道狭窄、产力不足和营养状况不良或母畜患有其他疾病。其中最主要的是产道狭窄和产力不足。

（二）胎儿的因素

胎儿的因素包括胎向、胎位、胎势异常，胎儿过大，胎儿畸形，胎儿水肿，胎儿腹腔积液过多。

三、症状

（1）产期已到，阴门肿胀松弛，荐坐韧带松弛，乳房胀满，从乳头处能够挤出初乳。

（2）出现阵缩和努责，胎膜从阴门露出，露出胎儿口部和头部，但不见双蹄露出。或露出一腿不见另一腿露出。或露出两条前腿，不见头部露出。阴道检查时胎头没进入产道，或只见母畜长时间努责，不见胎膜和胎儿任何部分露出。

四、难产救助

（一）难产救助的原则

（1）力争母子双全，保全母畜以后的生育能力，防止手术感染。

（2）救助手术应尽早施行，利用母畜体力尚好、产道润滑、胎儿尚活的有利时机，尽快将胎儿拉出。

（3）术前要进行周密检查，根据具体情况制订正确的救助方案，切忌盲目手术。

（4）要发挥集体力量，进行合理分工，做到人人尽职尽责，使手术取得圆满成功。

（二）不同情况的难产救助

（1）产力不足　产力指将胎儿从子宫中排出的力量。产力由子宫肌的收缩力和腹壁肌肉的收缩力组成。产力不足一般用药物治疗，肌肉注射催产素，牛 40~80 U，羊 5~10 U。

（2）骨盆腔狭窄　施行剖宫产术或截胎手术。

（3）子宫颈狭窄或子宫颈口不开　施行子宫颈切开手术或剖宫产手术。

（4）胎向异常　施行胎向矫正手术。横胎向和竖胎向时，先用产科绳拴住胎儿头部，再用产科挺抵住胎儿膝部，助手拉产科绳，将胎儿头部向产道方向拉，术者用产科挺把胎儿的臀部向里推，将胎儿矫正后拉出。

（5）胎位异常　施行胎位矫正手术。对于下胎位和侧胎位的胎儿，先将头推回子宫中，把两前肢从产道中拉出。在两前肢间夹一根横棍棒，用绳子将两前肢和木棍棒拴牢。术者两手握棍棒两端，朝一个方向用力旋转，胎位即能够矫正，矫正后将胎儿拉出。

（6）胎势异常　胎势异常的情况复杂，救助时视情况而定。总的原则是，先将胎儿露出部分推回子宫中，再对异常胎势进行矫正，矫正后将胎儿拉出，不可在矫正胎势前强行外拉。

① 头颈侧弯　如弯曲的程度不大，术者手握住唇部向产道拉即可把头扳正。在活胎儿时，用拇、中两指掐住眼眶，使胎儿反抗，有时胎儿会自动矫正。

如弯曲的程度较大，先把胎儿往里推，使产道入口处腾出空间，再用手握住胎儿唇部把胎头拉直。如用手拉直有困难时，可用绳子把胎头拴住（图 6-2），用产科挺抵住胎儿前胸和对侧前腿，术者向里推，助手拉住绳子往外拉即可矫正。如胎儿已死，可用产科锯或绞断器将胎头颈截断，先把躯干拉出，再把头拉出。

如果头颈下弯，术者用手握住唇部，将头向上抬，同时往里推，使产道入口处腾出空隙，然后用手握住唇部将头抬起，如仍有困难，可用绳子拴住头部，用产科挺抵住胎儿前胸和对侧前肢。术者用产科挺往里推，助手拉住绳子往外拉，可将头矫正。

产科绳拴头操作法见图 6-3。

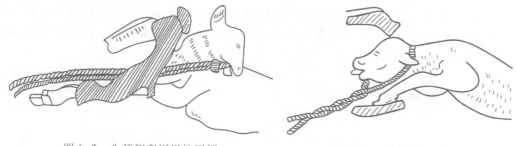

图 6-2　头颈侧弯用绳拉下颌　　　　　图 6-3　产科绳拴头法

产科绳拴头难度较大，术者一只手在子宫内操作，因受周围环境条件限制，完成每一个动作都很费力。要求术者要有耐心，不能急于求成。操作时先把绳子在消毒液中浸湿，然后把绳子对折,绳的两端留在体外,折转处握在术者手中(图6-4)。术者缓慢将手臂伸入子宫,把绳子带入子宫中。先摸到胎儿一侧耳朵,缓慢地把绳子挂在耳后,再带动绳子从胎儿脑后绕过,摸到另一侧耳朵,把绳子挂到耳后。绳子在两耳挂好后,术者把绳子的两游离端握在手中。在颌下或口中把绳子的游离端并拢。指令助手把留在体外的绳子并拢在一起,朝一个方向捻转。当术者感到手中的绳子已绞在一起,胎儿颌下绳子空隙能容下3指时,术者手握胎儿唇部,让助手拉绳子,这样就能很容易地将胎儿头部拉直,进入产道中。

② 腕部前置　助手将产科挺抵住胎儿胸部与异常前腿肩端之间向里推,术者用手握住蹄尖或系部向上抬(图6-5)。或术者手握掌部向里外侧推,同时使蹄部向上抬,异常前腿即可被拉入产道。前腿被拉直后将胎儿拉出。如果用手拉有困难时,可用绳子拴住系部,用手握住掌部往里外侧推,助手拉住绳子往外拉,即可把前腿拉直。

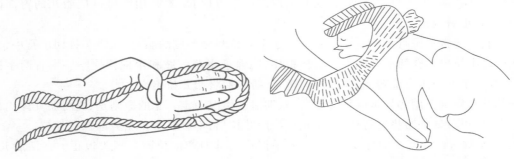

图6-4　产科绳握法　　　　图6-5　腕部屈曲,用手钩住蹄尖拉直腕部

③ 肩部前置　助手用产科挺抵住胎儿前胸与对侧前腿之间往里推。术者手握前臂部,向里推,同时向上抬,先矫正为腕部前置,再按腕部前置矫正。

④ 跗部前置　其矫正方法同腕部前置。

⑤ 坐骨前置　其矫正方法同肩部前置。

五、难产的预防

(1) 加强饲养管理　要做到母畜适时初配,不可配种过早,避免因母畜发育不成熟,造成骨盆腔狭窄。妊娠期母畜多喂富含矿物质和维生素的饲料。

(2) 妊娠母畜要进行适当运动和使役　使胎儿活力旺盛,提高母畜子宫肌的收缩力。

(3) 进行临产检查　当母畜出现临产征兆时,及时对母畜和胎儿进行认真检查,发现异常问题及时处理,防止难产的发生。

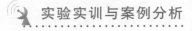 **实验实训与案例分析**

难产救助操作训练

1. 目的要求

认识产科器械,知道每种产科器械的使用方法,基本懂得难产的助产方法和助产原则。

2. 设备、试剂和材料

牛1头,产科器械1套,新洁尔灭1瓶,液体石蜡1瓶,水1桶。

3. 方法步骤

(1)教师先给学生介绍产科器械,检查病畜,确定难产的异常部位,讲解助产的方法和步骤,然后由教师进行助产操作,边操作边给学生讲解。

(2)教师指定2~3人为助手,参加助产,其他学生认真观看。

4. 作业

每人写1份实习报告。

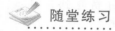 随堂练习

1. 难产有哪些临床症状?

2. 难产助产的原则是什么?

3. 腕部前置怎样救助?

4. 宏兴乳牛场一乳牛发生难产。检查后为头颈向左侧弯曲,请你到场救助。你将怎样在保证母子双全的前提下把胎儿拉出?

任务6.4　胎衣不下

任务目标

知识目标:掌握胎衣不下的病因、症状和胎衣剥离知识。

技能目标:学会胎衣剥离技术。

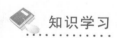 知识学习

一、概述

胎衣不下是胎儿产出后,在正常时间内胎衣没有排出,以胎衣滞留、胎衣悬挂在阴门外为特征。牛的胎衣正常排出时间为12 h以内,羊5 h以内。超过这个时间范围,即应视为胎衣不下,要及时进行治疗。

二、病因

1. 产后子宫收缩无力

饲料单纯、母畜体质衰弱、运动不足、羊水过多或分娩时间过长都能引起产后子宫收缩无力。

2. 绒毛膜与子宫黏膜粘连

妊娠期母畜慢性子宫内膜炎引起绒毛膜与子宫黏膜粘连。

三、症状

胎衣从阴门垂下,呈土红色,可见到尿膜绒毛膜表面有丛状的子体胎盘(图6-6)。

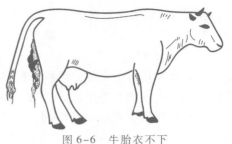

图6-6　牛胎衣不下

四、防治措施

(一)预防

(1)妊娠期母畜要喂给富含钙质和维生素的饲料,适当运动和使役。

(2)产后让母畜舔干仔畜身上的羊水,或为母畜灌服羊水。尽早让仔畜吃到初乳或挤乳。

(3)静脉注射氯化钙,饮服益母草、当归液都有预防胎衣不下的作用。

(二)治疗

(1)促进子宫肌收缩　肌内注射催产素,牛40～80 U,羊5～10 U。

(2)促进胎盘与母体分离　子宫灌注5%～10%氯化钠溶液2 500～3 000 mL,促进胎盘与母体分离。

(3)胎衣剥离术　胎衣剥离术是用人工将尿膜绒毛膜与子宫黏膜分离。用0.1%高锰酸钾溶液消毒外阴与术者手臂,以左手拉紧外露的胎衣,右手沿胎膜表面伸入子宫。用拇指、食指和中指捏住胎膜,连续抖动或挤捏,将胎膜剥下。用同样的方法,由近及远逐步分离,直至胎膜完全剥离。注意左手要始终把胎膜拉紧,以利于右手操作。胎衣剥离后用0.1%高锰酸钾溶液冲洗子宫。待高锰酸钾溶液排出后,向子宫内投入红霉素300万～600万 U。

(4)内服中药　【党参灵脂汤】党参90 g、灵脂30 g、生蒲黄30 g、当归100 g、川芎30 g、益母草40 g、黄芪50 g,煎汁候温加红糖50 g,一次灌服。

实验实训与案例分析

胎衣剥离技术训练

1.目的要求

基本懂得胎衣剥离的操作方法。

2.设备、试剂和材料

牛1头,高锰酸钾1瓶,水1桶,液体石蜡1瓶。

3.方法步骤

(1)教师先给学生讲解胎衣剥离的方法和程序,然后进行胎衣剥离操作,边操作边讲解。

(2)教师指定2～3人参加胎衣剥离,其他学生认真观看。

4.作业

每人写1份实习报告。

随堂练习

1. 怎样防治胎衣不下？
2. 胎衣剥离术怎样操作？
3. 永兴奶牛场近两年来，母牛产后不断有胎衣不下病牛。经理听别人说，胎衣不下不需治疗，让其自行分解。结果有几头牛经常从阴门流出脓性黏液。发情后屡配不孕。请你帮经理分析一下，他们所采取的措施是否正确，并制订一套防治方案。经理请你在下次胎衣不下时帮助治疗，你将怎样操作？

任务6.5　阴道脱与子宫脱

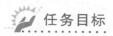

任务目标

知识目标：掌握阴道脱与子宫脱的病因、症状和防治知识。
技能目标：学会阴道脱与子宫脱的整复技术。

知识学习

一、概述

阴道或子宫的部分或全部脱出到阴道或子宫之外，叫阴道脱或子宫脱。以频频努责和阴门外露出球状物或囊状物为特征。

二、病因

（1）母畜衰老，体质瘦弱或运动不足。
（2）分娩时难产，强烈努责，腹压增大或助产时强力拉出胎儿，常常发生阴道或子宫脱出。

三、症状

（1）子宫脱，可见球状物或囊状物从阴门突出来。脱出物上有许多暗红色的斑纹，牛呈圆形或椭圆形，绵羊呈浅杯状，山羊呈圆盘状，子宫角末端向内凹陷（图6-7）。
（2）病畜频频努责，弓背，疼痛不安。排尿障碍。
（3）阴道脱，可见子宫颈口紧闭，脱出物黏膜光滑。
（4）脱出时间过久则发生水肿和坏死。

图6-7　牛子宫脱

四、防治措施

（一）预防

（1）加强饲养管理，给予营养充足的饲料，适当运动和使役。

（2）在牛羊发生难产时，要尽早进行救助，减少努责，降低腹压。

（二）治疗

用子宫或阴道整复手术进行整复。

（1）将病畜作前低后高保定，使腹腔器官前移，降低腹腔后部压力。

（2）对脱出的子宫和母畜后躯用消毒液彻底清洗，除去沾在子宫上的污物。如子宫有损伤，要进行适当处理。如胎衣尚未分离，先剥离胎衣。

（3）助手用一清洁布或厚塑料薄膜，将子宫高高抬起，或将布或塑料薄膜放在簸箕内，把子宫托起抬高。

（4）术者手戴消毒线手套，握住拳头。将拳头抵于子宫角末端的凹陷处，挺直手臂，用全身的力量将子宫角翻回腹腔内。整复后术者手臂不可立即抽出，在子宫内停留 3~5 min，待子宫温度恢复到接近体温时，把手臂抽出。在整复的过程中，如果病畜强力努责，可以暂时停止整复，待病畜不努责时，快速整复。

（5）阴道脱与子宫脱的整复方法相同，但比子宫脱的整复容易得多。

（6）子宫脱或阴道脱整复后，为防止再被脱出，可进行阴门圆枕缝合。3~5 d 后拆除缝合（图 6-8）。

（7）子宫脱整复后，最好进行一次直肠检查，看是否有套叠现象，如有套叠现象，要进行处理。

（8）整复困难时，可行子宫切除手术。

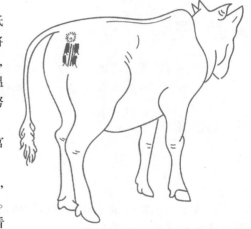

图 6-8 阴门圆枕缝合

 实验实训与案例分析

阴道脱与子宫脱整复技术训练

1. 目的要求

懂得阴道脱与子宫脱整复的方法和程序。

2. 设备、试剂和材料

牛 1 头，高锰酸钾 1 瓶，水 1 桶，棉纱手套 1 副，厚塑料薄膜 2 m²，缝针 2 个，组织剪 1 把，18号缝合线 1 管，1.5 cm 长橡胶管 4 段，持针钳 1 把。

3. 方法步骤

（1）教师先给学生讲解整复方法，然后进行整复操作。

（2）教师指定学生 4 人参加整复手术，2 人持塑料薄膜抬住脱出的子宫，2 人参加冲洗子宫，穿缝合线，传递器械，其他学生认真观看。

4. 作业

每人写 1 份实习报告。

 **随堂练习**

1. 阴道脱与子宫脱的病因是什么？
2. 阴道脱与子宫脱的症状有哪些？
3. 怎样预防阴道脱与子宫脱？
4. 致富养牛场一母牛发生难产，通过救助胎儿已经产出。30 min 后，母牛一阵强力努责，子宫脱出到阴门外。畜主请你治疗，你将如何把脱出的子宫整复？

任务 6.6　产 后 瘫 痪

 **任务目标**

知识目标：掌握产后瘫痪的病因、症状、诊断和防治知识。

技能目标：学会根据资料正确诊断产后瘫痪，制订合理的防治措施。

 **知识学习**

一、概述

产后瘫痪是母畜分娩后突然发生的急性代谢性疾病，以产后母畜昏迷和四肢瘫痪为特征。

二、病因

本病主要为产后血钙浓度剧烈下降所致。血钙降低的原因一般认为是产后母畜开始泌乳，大量钙质进入乳汁中。从消化管吸收的钙和骨骼中贮存的钙重新进入血液的总和远远低于血钙进入乳汁中的数量，血钙得不到及时补充，导致母畜发病。

三、症状

（1）产后 1~2 d 内发病。轻者，精神沉郁，食欲减退，体温正常或稍低，能够勉强站立，但后肢发软，走路不稳。

（2）重症者卧地不起，精神不振，反应迟钝，全身抽搐，食欲废绝，反刍停止，瞳孔散大。乳牛头颈呈"S"状弯曲，头抵于胸部，四肢发凉（图 6-9、图 6-10）。

　　图6-9　牛产后瘫痪卧姿　　　　　图6-10　牛产后瘫痪头颈呈"S"状弯曲

四、诊断

（1）临床检查　根据临床症状可做出诊断。

（2）实验室检查　血钙浓度在8%以下,甚至降至2%。

（3）鉴别诊断　本病在临床上需与酮血症和产前截瘫相区别。酮血症初期病畜兴奋,乳汁及呼出气体有水果香味,向乳房打气送风无反应。产前截瘫精神和食欲正常。

五、防治措施

（一）预防

（1）加强饲养管理　在母牛干奶期,从产前两周开始,饲喂含低钙高磷的饲料,减少从日粮中摄入的钙量,是预防生产瘫痪的有效方法,这样可以激活甲状旁腺机能,促进甲状旁腺素的分泌,从而提高钙的吸收和动用钙的能力。分娩后立即减少富含蛋白质的饲料,促进母牛消化机能。将摄入的钙量增加到每头每天125 g以上。

（2）分娩后立即一次肌内注射10 mg双氢速变固醇。产前5 d肌内注射维生素A+维生素D 1 000万U。

（3）产前4周到产后1周,每天喂30 g氧化镁,可以防止因血钙降低发生抽搐。

（二）治疗

（1）静脉注射　葡萄糖酸钙500 mL,每天一次,连用3 d。也可用5%或10%氯化钙溶液80～100 mL,每天一次,连用3 d。

（2）乳房送风　用乳房送风器向乳房内打气。要注意对乳导管严格消毒,在送风器的金属筒放入干燥棉花过滤空气。向乳房打气前先向乳房内注入青霉素120万U,链霉素0.25 g。打气时四个乳区均应打满空气。乳房皮肤紧张、乳腺基部边缘清楚、轻敲乳房呈鼓音时,表明打气适度。打气量要掌握适中,过少不发生作用,过多则损害腺泡。打气后用纱布条将乳头轻轻扎住,待病牛起立1 h后,将纱布拆除。

实验实训与案例分析

案例分析

前进乳牛场一头乳牛前天晚上分娩,今天早晨突然发病。场长给孙老师打电话请求治疗。孙老师带领张辉实习小组来到乳牛场。他们穿好防护服,戴上口罩和手套后,首先对病牛进行了临床检查,经检查病牛体温、呼吸和心率无明显病变,主要表现是卧地不起,精神不振,反应迟钝,全身抽搐,反刍停止,食欲废绝,瞳孔散大。病牛头颈呈"S"状弯曲,头抵于胸部,四肢发凉。检查后,大家对病例进行分析。

分析认为,病牛产犊 2 天,根据临床症状与所学知识,诊断为产后瘫痪。经讨论,制订治疗方案如下:

(1)静脉注射葡萄糖酸钙注射液 1 000 mL,每天 1 次,连用 3 d。

(2)乳房送风。孙老师让李明和赵军两人进行乳房送风,其他同学观看。李明把干燥棉花放入送风器金属筒过滤空气。乳头消毒后,由赵军向乳房内注射青霉素 120 万 U,链霉素 0.25 g。然后李明把乳导管针头插入乳头管,并固定导管针头,赵军负责向乳房内打气。当病牛四个乳区都打满气,乳房皮肤紧张,乳房基部边缘清楚,轻敲乳房呈鼓音时,打气停止。李明用纱布条将乳头扎住。1.5 h 后病牛站起后拆除纱布条。

同时,提出预防方案:

(1)加强饲养管理,在产奶期,从产前两周开始,饲喂低钙高磷饲料,减少摄入钙量。分娩后立即减少富含蛋白质饲料,增加钙的摄入量。

(2)分娩后立即肌内注射双氢速甾醇(双氢速变固醇)10 mg。产前 5 d 肌内注射维生素 A、维生素 D 1 000 万 U。

(3)口服氧化镁,从产前 4 周到产后 1 周,每天喂氧化镁 30 g,可防止因血钙降低发生抽搐。

随堂练习

1. 产后瘫痪有哪些症状?

2. 怎样鉴别产后瘫痪、酮血症与截瘫?

3. 怎样防治产后瘫痪?

任务 6.7　子宫内膜炎

任务目标

知识目标:掌握子宫内膜炎的病因、症状和防治知识。

技能目标:学会根据资料正确诊断子宫内膜炎,制订合理的防治措施。

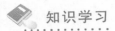 知识学习

一、概述

子宫内膜炎是由病原菌引起的子宫黏膜的黏液性或黏液脓性炎症,以从阴道排出絮状物或脓性分泌物、发情不正常、不易受孕或流产为特征。

二、病因

(1) 在配种、分娩及难产助产时消毒不严,引起链球菌、葡萄球菌、大肠杆菌及腐败菌感染。

(2) 继发于其他生殖器官炎症和某些传染病,如阴道炎、子宫炎、子宫脱、胎衣不下和布鲁菌病。

三、症状

(一) 急性子宫内膜炎

全身症状明显,体温升高,食欲减退。弓背、努责,常呈排尿姿势。从阴门排出白色浑浊的絮状物和脓性分泌物,发情时排出量增多。直肠检查一侧或两侧子宫角增大,疼痛。如形成子宫蓄脓,直肠检查子宫角有波动感。

(二) 慢性子宫内膜炎

全身症状不明显,发情不正常,屡配不孕。发情时或卧地时从阴门流出浑浊含絮状物的脓性分泌物。子宫颈口肿胀、溃疡或增生,子宫颈口闭合不全。直肠检查一侧或两侧子宫角增大,硬固或有波动感。

四、诊断

根据临床症状和直肠检查可以做出诊断。

五、防治措施

(一) 预防

(1) 配种、接产及难产助产时,必须严格消毒。

(2) 积极治疗其他生殖器官的炎症和布鲁菌病。

(二) 治疗

以增强机体抵抗力、抗菌消炎和恢复子宫功能为治疗原则。

(1) 冲洗子宫　用0.1%高锰酸钾溶液、0.05%呋喃西林溶液、0.05%洗必泰溶液5 000~10 000 mL,彻底冲洗子宫。每天1次。冲洗后要让药液尽量从子宫中排出。可用木棒抬压或直肠按摩促进药液排出。对有严重全身症状和坏死病灶的病例,因易引起感染扩散,禁止冲洗子宫。

(2) 子宫内用药　冲洗后,子宫内注入红霉素300万~600万U;或用10%洁尔阴药水30~50 mL注入子宫内,每周一次,连用2~3次;或用4%露它净溶液200~300 mL,注入子宫内。2~3 d后,用宫得康混悬剂1~2 g注入子宫内,或用克霉唑5 g投入子宫内。

（3）全身治疗　全身症状明显的,抗生素或磺胺类药肌内注射。

（4）中药治疗　内服带症丸,每次 100~150 粒,每天 2 次。

实验实训与案例分析

案例分析

阳光乳牛场有 5 头乳牛,屡配不孕。场长请孙老师治疗。孙老师带领张辉实习小组来到乳牛场,穿好防护服,戴上口罩和手套后,对病牛进行临床检查。经检查,有 4 头牛全身症状不明显,场长介绍这 4 头乳牛发情不明显,屡配不孕,平时从阴门流出少量脓性分泌物,发情时或卧地时从阴门流出大量脓性分泌物。阴道检查,子宫颈口肿胀、溃疡,闭合不全,直肠检查一侧子宫角增大硬固。有 1 头乳牛全身症状明显,体温 40.5 ℃,呼吸 35 次/min,心率 90 次/min,食欲减退,弓背、努责,常呈排尿姿势。其他症状同前 4 头病牛。检查后大家对病例进行分析。

分析认为,根据场长介绍和临床症状,对照所学相关知识,阳光乳牛场的病牛诊断为子宫内膜炎。经过讨论制订治疗方案如下:

（1）冲洗子宫,用 0.5% 洗必泰溶液 10 000 mL,彻底冲洗子宫,每天 1 次。

（2）冲洗后待洗必泰溶液排出后,子宫内注入红霉素 500 万 U,每周 1 次,连用 2~3 次。

（3）中药治疗,内服带症丸,每次 100 粒,每天 2 次,连用 1 周。

最后,孙老师叮嘱场长,以后配种、接产时,必须严格消毒,防止感染。

2 月后回访,5 头牛已康复。

随堂练习

1. 子宫内膜炎有哪些症状?

2. 怎样防治子宫内膜炎?

任务6.8　乳　房　炎

任务目标

知识目标:掌握乳房炎的病因、症状、诊断和防治知识。

技能目标:学会隐性乳房炎的实验室诊断技术。

知识学习

一、概述

乳房炎是由病原菌感染引起的乳腺炎症,以乳房肿大、疼痛、泌乳减少或停止和乳汁变性为特征。

二、病因

（1）病原微生物感染　主要是链球菌感染。

（2）管理不当　因管理不当引起的擦伤、刺伤、挤乳损伤等。

（3）继发于其他疾病　如子宫内膜炎、布鲁菌病。

三、症状

（1）乳房红、肿、热、痛，体温升高，食欲减退。

（2）泌乳减少或停止，乳汁变性，呈棕红色或黄褐色。有的乳汁稀薄，内有絮状物。有的乳汁混有血液或脓汁。

（3）慢性乳房炎时，乳腺结缔组织增生，乳腺硬肿，丧失泌乳功能。

四、诊断

（1）根据临床症状可做出诊断。

（2）隐性乳房炎时需做实验室检查确诊。

五、防治措施

（一）预防

（1）加强饲养管理，保持畜舍卫生及畜体卫生，减少感染机会。

（2）加强对挤奶员的技术训练，严格遵守挤奶操作规程，防止因粗暴挤奶引起乳头损伤。

（3）干乳期药物预防。用青霉素 160 万 U、链霉素 1 g、硬脂酸铝 2~3 g，溶于医用花生油中，注入乳头管内，一个干乳期注入 1~2 次。

（二）治疗

（1）青霉素 160 万 U、1% 普鲁卡因 10 mL、鱼腥草注射液 40 mL，混合后，一次注入乳头管内，注射后轻轻按摩乳房 1~2 min，每天 1~2 次。注意注药前，先挤净乳池中的乳汁。

（2）0.25% 普鲁卡因 300~400 mL，乳房基部环状封闭，每天 1~2 次。

（3）初期乳房冷敷，以后用 25% 硫酸镁溶液乳房热敷，每天 1 次，每次 20~30min。

（4）慢性乳房炎时，涂擦刺激剂，用樟脑软膏、鱼石脂软膏涂擦。

（5）全身症状明显时，用抗生素、磺胺类药物作全身治疗。

（6）乳房已化脓时，按脓肿处理。

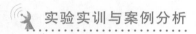

实验实训与案例分析

隐性乳房炎实验室诊断技术训练

1. 目的要求

掌握隐性乳房炎的实验室诊断技术。

2. 设备、试剂和材料

过氧化氢,吸管,被检乳,溴麝香草酚蓝,乙醇,蒸馏水,5% 氢氧化钠溶液,玻璃棒,稀盐酸,碳酸氢钠,试管,载玻片。

过氧化氢法检测隐性
乳房炎演示

3. 方法步骤

教师先示范操作,学生再分组操作,每两人为一组。操作过程如下:

(1) 过氧化氢法　滴一滴被检乳于载玻片上,再滴加 6% ~9% 过氧化氢一滴与乳混合均匀,如短时间内产生气泡为阳性。

(2) 溴麝香草酚蓝(B.T.B)试验

① 溴麝香草酚蓝试剂的配制　取 47.4% 乙醇 500 mL,加入溴麝香草酚蓝 1 g、5% 氢氧化钠溶液 1.3 ~1.5 mL,搅拌均匀,呈微绿色,调到 pH 中性。如偏酸,滴加碳酸氢钠溶液;如偏碱,滴加稀盐酸,校正 pH。

② 检验　在试管中加入被检乳 5 mL。沿试管壁缓慢滴加溴麝香草酚蓝试剂 1 mL,1 min 后判定结果。

③ 判定标准

正常乳:液面黄绿色,pH 6 ~6.5,记作"−"。

可疑乳:液面绿色,pH 6.6,记作"±"。

感染乳:液面蓝绿色,pH 6.6 以上,记作"+"。

此试验根据乳的 pH 变化,可较早地检验出隐性乳房炎病畜。正常乳的 pH 呈酸性,乳房炎的乳 pH 呈弱碱性。

4. 作业

每人写 1 份实习报告。

随堂练习

1. 乳房炎的病因是什么?

2. 乳房炎有哪些症状?

3. 怎样防治乳房炎?

4. 董六家饲养的母羊,半月前产下三羔,分娩过程顺利。一周前发现母羊乳房变硬肿大,不让羔羊吃奶,用手触摸乳房发热且疼痛。挤出的乳汁稀薄,有絮状物。请你诊断董六的羊得的是什么病,怎样进行防治。

知 识 拓 展

一、新生仔畜窒息

新生仔畜窒息又叫假死,仔畜产出后呼吸微弱或无呼吸,仍有心跳,称新生仔畜窒息。

(一) 病因

(1) 胎儿产出时间过长,胎盘已经分离,或胎膜破裂过晚,使胎儿得不到氧气。

（2）倒生时脐带受到挤压或脐带缠绕，使血液供应受阻，胎儿得不到氧气。

（3）母畜贫血或患热性传染病，血液内氧含量不足，使胎儿过早呼吸，吸入羊水而导致窒息。

（4）助产方法不当，没有及时擦净口、鼻中黏液，仔畜第一次吸气时吸入黏液，阻塞气管而导致窒息。

（二）症状

（1）轻度窒息，仔畜软弱无力，舌伸出口外，口腔和鼻腔充满黏液，结膜发绀，呼吸微弱或张口呼吸，心音快而弱。

（2）重度窒息，仔畜无呼吸，全身松软，结膜苍白，反射消失，但仍有微弱心跳，外观似死亡。

（三）抢救

（1）除去羊水　首先擦净鼻、口腔内羊水，或倒提后肢，让羊水流出。

（2）刺激呼吸　可用草秆刺激鼻黏膜或向仔畜身上泼冷水，或针刺鼻镜，诱发仔畜呼吸反射。

（3）人工呼吸　有节奏地按压胸部，使胸腔被动地扩大或缩小，恢复呼吸动作，或有节奏地往鼻孔吹气。

（4）肌内注射呼吸中枢兴奋药　用尼可刹米 1.5~2 mL 肌内注射。

（四）预防

（1）正确推算预产期，分娩时有专人监护，及时正确地接产。

（2）发生难产时要尽早救助，缩短助产时间。

二、新生仔畜便秘

新生仔畜便秘，是仔畜出生后一天内不排出粪便（胎粪）或哺乳后形成的粪便不易排出，粪便滞留于直肠或结肠内而导致的疾病。

（一）病因

（1）新生仔畜没有及时地吃足初乳，致使肠管弛缓，粪便不易排出。

（2）母畜瘦弱，初乳品质不良，初乳中缺乏镁盐和钠盐。

（二）症状

（1）仔畜出生后一天内不见排出胎粪，精神沉郁，腹痛不安，弓背，摇尾，不断努责。

（2）食欲减退或废绝，全身无力，卧地不起，听诊心跳加快，肠音消失。

（3）指检直肠和结肠粪便硬固，不易排出。

（三）防治措施

（1）妊娠后期加强对母畜的饲养管理，喂给富含蛋白质、维生素和矿物质的饲料，适当运动和使役。

（2）及时让仔畜吃足初乳，促进胎粪排出。

（3）温水灌肠。将胃管插入直肠内，边灌水边向前推进，让粪便随水排出。

（4）内服泻剂。液体石蜡 100~200 mL、硫酸钠 30~50 g，一次内服。

项 目 小 结

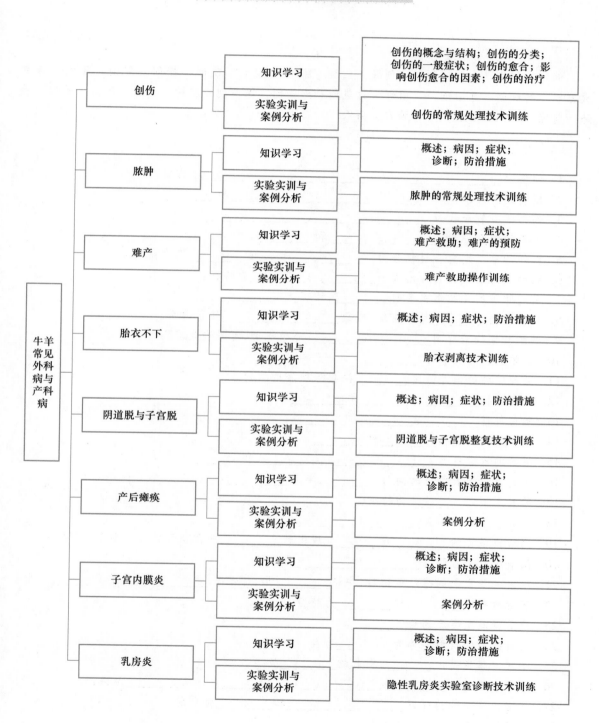

项 目 测 试

一、名词解释

创伤 创缘 创口 创壁 创底 创腔 刺创 切创 砍创 挫创 裂创 压创 毒创 火器创 新鲜创 陈旧创 无菌创 污染创 感染创 保菌创 脓肿 蓄脓 胎向 胎位 胎势 前置 难产 胎衣不下 胎衣剥离术

二、填空题

1. 创伤由_____、_____、_____、_____和_____构成。

2. 按有无感染,创伤分为_____、_____、_____和_____。

3. 创伤的一般症状为_____、_____、_____及_____。

4. 创伤的愈合分为_____、_____和_____。

5. 创伤的第二期愈合过程分为_____、_____和_____三个阶段。

6. 脓肿以组织或器官内形成外_____内_____为特征。

7. 引起脓肿的化脓菌主要有_____,还有_____、_____和_____。

8. 化脓菌经_____侵入组织,或经_____、_____转移而至。

9. 脓肿初期的治疗用_____或_____冷敷患部,可促进炎症消散。

10. 当脓肿已经成熟时_____。

11. 深部脓肿的治疗采用_____法排除脓腔的脓汁。

12. 胎向包括_____、_____和_____。

13. 胎位包括_____、_____和_____。

14. 难产的病因包括_____和_____。

15. 难产的检查包括_____、_____、_____和_____。

16. 牛的正常胎衣排出时间为_____,羊为_____。

17. 胎衣不下以_____为特征。

18. 胎衣不下的病因为_____和_____。

19. 阴道或子宫的_____或_____脱出到_____,叫阴道脱或子宫脱。

20. 阴道脱或子宫脱以_____和_____为特征。

21. 脱出的子宫上的暗红色斑纹,牛呈_____形,绵羊呈_____形,山羊呈_____形。

22. 产后瘫痪以_____和_____为特征。

23. 产后瘫痪主要原因为_____。

24. 产后瘫痪的典型姿势为_____弯曲。

25. 子宫内膜炎是由_____引起的_____炎症。

26. 子宫内膜炎以_____或_____、_____、_____或_____为特征。

27. 子宫内膜炎的治疗以_____、_____和_____为原则。

28. 乳房炎是由_____引起的_____。

29. 乳房炎是以＿＿＿＿＿、＿＿＿＿＿、＿＿＿＿＿、＿＿＿＿＿为特征。

三、选择题

1. 由钩、钉等钝性物体牵引作用而引起的皮肤及深层组织断裂性损伤称为（　　）。
A．砍创　　　　　　　　B．挫创　　　　　　　　C．压创　　　　　　　　D．裂创

2. 创伤被细菌和异物污染，但细菌还没有进行发育和繁殖，也未侵入血液内，称为（　　）。
A．无菌创　　　　　　B．污染创　　　　　　C．感染创　　　　　　D．保菌创

3. 创伤愈合的时间长，借新生的肉芽组织填满创腔，疤痕组织大，此创伤为（　　）。
A．第一期愈合　　　　B．第二期愈合　　　　C．痂皮下愈合

4. 在创伤的结构中，创口为（　　）。
A．皮肤或黏膜损伤裂开的部位　　　　　　B．从创缘到创底之间受伤的结缔组织肌肉和筋膜
C．创伤的最深处　　　　　　　　　　　　D．创缘之间的间隙

5. 由细长尖锐的物体刺入组织内引起的损伤称（　　）。
A．切创　　　　　　　　B．挫创　　　　　　　　C．刺伤　　　　　　　　D．裂创

6. 进入创内的细菌大量繁殖，对机体产生致病作用，有一定的全身反应称（　　）。
A．感染创　　　　　　B．污染创　　　　　　C．无菌创　　　　　　D．保菌创

7. 在创伤愈合中，没有感染，炎性反应轻微，创缘疤痕组织小，愈合后无功能障碍称（　　）。
A．第一期愈合　　　　B．第二期愈合　　　　C．痂皮下愈合　　　　D．都不对

8. 长期不愈合创的原因为（　　）。
A．创伤处理过于频繁　　　　　　　　　　B．创腔内遗留有异物或死骨片
C．创口过早闭合　　　　　　　　　　　　D．创伤周围小动脉充血

9. 引起脓肿的化脓菌主要是（　　）。
A．沙门菌　　　　　　B．产气荚膜梭菌　　　C．金黄色葡萄球菌　　D．破伤风梭菌

10. 难产的母畜检查主要是（　　）。
A．检查胎儿死活　　　　　　　　　　　　B．对母畜进行全身检查
C．检查胎儿的大小　　　　　　　　　　　D．检查胎向、胎位、胎势是否正常

11. 牛胎衣排出的正常时间为（　　）。
A．2 h 以内　　　　　　B．4～5 h 以内　　　　C．24 h 以上　　　　　D．12 h 以内

12. 引起乳房炎的主要病原菌为（　　）。
A．大肠杆菌　　　　　　B．沙门菌　　　　　　C．链球菌　　　　　　D．绿脓杆菌

13. 母牛产后瘫痪的治疗措施中，合理的是（　　）。
A．乳房送风疗法　　　　　　　　　　　　B．肌内注射士的宁
C．口服健胃药　　　　　　　　　　　　　D．静脉注射水杨酸钠

14. 分娩时胎儿胎势异常最好用（　　）救助。
A．注射催产素　　　　　　　　　　　　　B．人工矫正后拉出胎儿
C．等待自行产出　　　　　　　　　　　　D．内服泻药

四、判断正误(正确画"√",错误画"×")

1. 创腔是指创缘之间的间隙。(　　　)

2. 裂创是由钝性外力的作用和跌倒所致的组织损伤。(　　　)。

3. 保菌创是创伤被细菌和异物污染,但细菌还没有进行发育和繁殖,也未侵入血液,暂时保留在创腔内的创伤。(　　　)

4. 创伤愈合过程分三个阶段,即自家净化期、肉芽增生期和上皮形成期。(　　　)

5. 皮肤表面的轻度擦伤和轻度烧伤,渗出物干涸后形成痂皮,新生的上皮组织在痂皮下增生,创伤愈合后痂皮脱落,这样的创伤愈合叫第一期愈合。(　　　)

6. 创伤局部血液循环障碍,一方面影响创伤净化,另一方面不能对创伤愈合供给充足的营养物质,是影响创伤愈合的原因之一。(　　　)

7. 处理肉芽创时,为促进肉芽组织迅速增生,处理得越频繁越好,能及时清除肉芽面上的脓汁和分泌物,最好每天处理 2~3 次。(　　　)

8. 在胸膜腔和腹腔有脓汁潴留时称为蓄脓。(　　　)

9. 胎向是指胎儿体纵轴与母体纵轴的关系,包括纵胎向、横胎向和侧胎向。(　　　)

10. 在难产救助中,胎儿检查确定胎势不正时,不能注射催产素。(　　　)

11. 对胎衣不下病牛进行治疗时,可首先肌内注射催产素,促进子宫平滑肌收缩,有助于胎衣与子宫黏膜分离。(　　　)

12. 一头母牛产后卧地不起,从呼出的气体中嗅到水果香味,张三说是产后瘫痪。(　　　)

五、问答题

1. 影响创伤愈合的因素有哪些?

2. 创伤治疗的一般原则是什么?

3. 怎样处理新鲜创?

4. 怎样处理肉芽创?

5. 脓肿有哪些症状?

6. 怎样治疗脓肿?

7. 难产有哪些临床症状?

8. 难产的救助原则是什么?

9. 腕部前置怎样救助?

10. 怎样防治胎衣不下?

11. 胎衣剥离术怎样操作?

12. 阴道脱和子宫脱的病因是什么?

13. 阴道脱和子宫脱的症状有哪些?

14. 怎样预防阴道脱和子宫脱?

15. 产后瘫痪有哪些症状?

16. 怎样鉴别产后瘫痪、酮血症和截瘫?

17. 怎样预防产后瘫痪?

18. 子官内膜炎的病因是什么？
19. 子官内膜炎有哪些症状？
20. 怎样防治子官内膜炎？
21. 乳房炎的病因是什么？
22. 乳房炎有哪些症状？
23. 怎样防治乳房炎？

参 考 书 目

［1］西北农学院.家畜内科学.北京:农业出版社,1980.

［2］北京农业大学,东北农学院.家畜外科学.北京:农业出版社,1980.

［3］南京农学院,山东农学院,江苏农学院.家畜传染病学.上海:上海科学技术出版社,1978.

［4］北京农业大学.家畜寄生虫学.北京:农业出版社,1980.

［5］林振武.畜禽疾病防治.北京:高等教育出版社,1998.

［6］陈羔献.畜禽疾病防治.郑州:河南教育出版社,1989.

［7］全国中兽医经验选编组.全国中兽医经验选编.北京:科学出版社,1977.

郑重声明

高等教育出版社依法对本书享有专有出版权。任何未经许可的复制、销售行为均违反《中华人民共和国著作权法》,其行为人将承担相应的民事责任和行政责任;构成犯罪的,将被依法追究刑事责任。为了维护市场秩序,保护读者的合法权益,避免读者误用盗版书造成不良后果,我社将配合行政执法部门和司法机关对违法犯罪的单位和个人进行严厉打击。社会各界人士如发现上述侵权行为,希望及时举报,本社将奖励举报有功人员。

反盗版举报电话　(010)58581999　58582371　58582488

反盗版举报传真　(010)82086060

反盗版举报邮箱　dd@hep.com.cn

通信地址　北京市西城区德外大街 4 号

　　　　　高等教育出版社法律事务与版权管理部

邮政编码　100120

防伪查询说明

用户购书后刮开封底防伪涂层,利用手机微信等软件扫描二维码,会跳转至防伪查询网页,获得所购图书详细信息。也可将防伪二维码下的 20 位密码按从左到右、从上到下的顺序发送短信至106695881280,免费查询所购图书真伪。

反盗版短信举报

编辑短信"JB,图书名称,出版社,购买地点"发送至 10669588128

防伪客服电话

(010)58582300

学习卡账号使用说明

一、注册/登录

访问 http://abook.hep.com.cn/sve,点击"注册",在注册页面输入用户名、密码及常用的邮箱进行注册。已注册的用户直接输入用户名和密码登录即可进入"我的课程"页面。

二、课程绑定

点击"我的课程"页面右上方"绑定课程",正确输入教材封底防伪标签上的 20 位密码,点击"确定"完成课程绑定。

三、访问课程

在"正在学习"列表中选择已绑定的课程,点击"进入课程"即可浏览或下载与本书配套的课程资源。刚绑定的课程请在"申请学习"列表中选择相应课程并点击"进入课程"。

如有账号问题,请发邮件至:4a_admin_zz@pub.hep.cn。